计算机一级考试必备

2016版

小黑老师 主编

长江出版传媒
湖北人民出版社

图书在版编目（CIP）数据

计算机一级 Office 通关秘籍 / 小黑老师主编 . — 武汉：湖北人民出版社，2021.9（2022.4 重印）

ISBN 978-7-216-10284-1

Ⅰ . ①计… Ⅱ . ①小… Ⅲ . ①办公自动化 – 应用软件 – 水平考试 – 自学参考资 Ⅳ . ① TP317.1

中国版本图书馆 CIP 数据核字 (2021) 第 179935 号

责任编辑：左斌斌
封面设计：刘舒扬
责任校对：范承勇
责任印制：王铁兵

计算机一级 Office 通关秘籍
JISUANJI YIJI Office TONGGUAN MIJI

出版发行:湖北人民出版社　　**地址**:武汉市雄楚大道268号
印刷:武汉临江彩印有限公司　　**邮编**:430070
开本:880毫米 × 1230毫米　1/32　　**印张**: 5.75
版次:2021年9月第1版　　**印次**:2022年4月第2次印刷
字数:170千字　　**定价**:28.00元
书号:ISBN 978-7-216-10284-1

本社网址：http://www.hbpp.com.cn
本社旗舰店：http://hbrmcbs.tmall.com
读者服务部电话：027-87679657
投诉举报电话：027-87679757

计算机一级 Office 通关秘籍

计算机一级考试难度并不是很大，但是通过率却不是很高，主要是因为很多小伙伴存在“裸考”的情况，没有很清楚地了解考试题型，以及对考试知识点的分布情况也不清楚，导致在考场上出现了很多问题。

在备考计算机一级之前，我们需要先了解一下计算机一级的考试题型，以及各题型的分值分布情况。

计算机一级 Office 考试总共有六种题型，分别为：选择题、基本操作、上网题（分别为 IE 浏览器、Outlook 电子邮件）、Word、Excel、PPT。均采用上机操作，考试时间为 90 分钟，考试满分为 100 分。各位考生拿到 60 分及以上分值即可拿到证书。

考试通过成绩分为三个等级：合格、良好、优秀。

成绩等级分布情况：

优秀：>=90 分　　良好：80—89 分

合格：60—79 分　　不及格：0—59 分

考试题型分析

序号	题型	分值	要求得分
1	选择题	20 分	10 分
2	基本操作	10 分	10 分
3	上网题	10 分	10 分
4	Word 文字处理	25 分	20 分
5	Excel 电子表格	20 分	15 分
6	PPT 演示文稿	15 分	10 分

如何进行复习备考

复习时应注意按照先操作题后选择题的顺序进行。操作题占 80 分，是复习的重点，请务必动手操作，不能只看视频。选择题占 20 分，这部分记忆的内容很多，一般在考前 7 天左右，在小程序上将我们整理的计算机一级精选真题看熟即可，涉及计算的部分会在考前冲刺直播时给大家讲解。

在刚开始备考的过程中，不要急于刷真题！不要急于刷真题！不要急于刷真题！这样的备考效率是非常低的，不熟悉的知识点会比较多，在影响效率的同时还打击自己的信心。给大家的复习建议是：一定要先将知识点部分弄明白，并将拆解的典型真题案例做两遍，这样会帮你快速建立知识框架，明白考试重点和难点后再去做题就事半功倍了！

操作题详细复习攻略

操作题主要分为 5 大板块，基本操作专题、上网专题、Word 专题、Excel 专题、PPT 专题，针对每一个板块的具体学习方案如下：

基本操作题比较简单，主要考核对文件或文件夹的一些常规处理，重点需要掌握创建快捷方式和设置文件属性的方法，对文件重命名后需要仔细检查后缀名是否和题目要求的保持一致。

上网题主要分为两种题型，分别是 IE 浏览器的考核和 Outlook 的考核。IE 浏览器部分大家需要重点掌握将网页上的内容保存至指定的位置，Outlook 部分主要掌握如何发送接收邮件，保存或添加附件，以及保存联系人，如何进行分组管理联系人。

Word 部分知识点比较多，注意整理知识大纲，以选项卡为单位进行学习和记忆，重点掌握开始选项卡的字体、段落考点和插入选项卡中的表格、页眉页脚考点。这一部分最好能自己制作 word 考点思维导图，这样印象会更加深刻。

Excel 部分由两大板块组成：第一板块是基本操作，这部分比较简单，将典型案例多做几遍就可以，这一板块力争拿到满分，图表、筛选、排序是这一部分重点考核的知识，大家一定要熟练掌握。第二板块是函数公式部分，很多同学都特别头疼甚至比较害怕函数公式，并且目前一级考试在函数公式部分难度有所提升，大家一定要在理解的基础上加以记忆，多练习是关键，一般来说一个函数案例大家至少要做 3～5 遍。

PPT 部分考核到的知识点都比较常规，只是操作上会有一点烦琐，这一部分依然以选项卡为单位进行学习和记忆，动画相对来说较困难，各位考生需要重点掌握。

为了帮助大家提高复习效率，我们从历年真题中拆解出高频考点的典型案例，大家一定先把这些案例做 1～2 遍。

做完拆解典型案例后，就可以开始刷整套真题了。刷真题应注意：先看题目自己想思路，不理解的地方再看视频记住操作步骤，最后自己动手练习。遇到不会的再去看视频，千万不要边看视频边做题，每做完一套真题都要做总结，主要总结本套题目的考点、难点和自己易错的点。

考试做题策略

做题时要注意，先整体看一下题目，分析一下题目的难易程度，一定将自己会做的题目先做完，保证这一部分的题目尽量拿到满分，注意合理分配时间，不要因为一个小题而影响整体的答题速度，考试时最好每做完一小问就保存一次，防止电脑突然崩溃导致做的题目没有保存，遇到电脑故障第一时间找监考老师，不要擅自处理，交卷前一定注意检查一下考生文件夹。

考试时坚持一个原则：保持一个好的心态，先做自己会的，尽量多的得分。学好技能，顺带考证，小黑课堂团队祝大家顺利通过计算机一级考试！

扫码关注微信公众号“小黑课堂计算机一级”，回复“题库”，获取配套真题题库以及社群答疑服务。

目　　录

第 1 章　基本操作篇

1.1 文件考点　　难度系数★★☆☆☆

1.1.1　常规考点

文件或文件夹的新建、重命名、移动、复制、删除；设置文件、文件夹的只读和隐藏属性；为文件、文件夹创建快捷方式。

以上操作基本上都可以通过单击鼠标右键来完成。

001.文件、文件夹的新建

【文件的新建操作步骤】

单击鼠标右键→新建→选择对应文件类型(文件夹、文本文档等)，如图 1-1 所示。

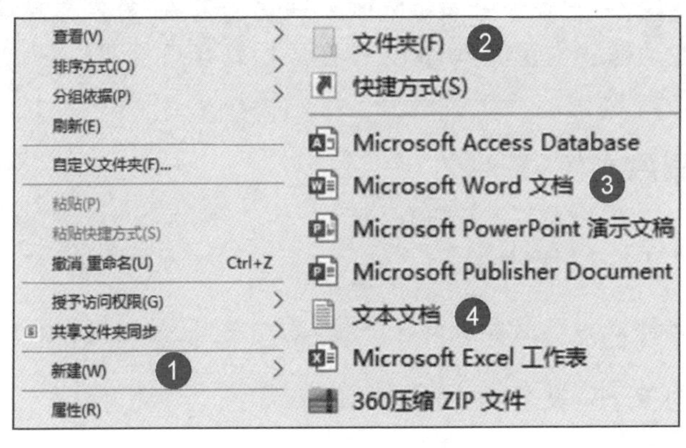

图 1-1　新建文件

002.重命名文件、文件夹

【重命名文件操作步骤】

选中文件→单击鼠标右键→重命名(或直接按功能键 F2)→输入对应的文件名即可。

特别提醒:在重命名文件时一定要确保自己做的文件后缀名和题目要求的保持一致。

003.复制文件、文件夹

【复制文件操作步骤】

选中文件→单击鼠标右键→复制→定位到需要复制的位置→单击鼠标右键→粘贴,快捷键操作是 Ctrl+C(复制),Ctrl+V(粘贴)。

004.移动文件、文件夹

【移动文件操作步骤】

选中文件→单击鼠标右键→剪切→定位到需要移动的位置→单击鼠标右键→粘贴,快捷键操作是 Ctrl+X(剪切),Ctrl+V(粘贴)。

特别提醒:一定要区分清楚复制和剪切的区别,复制是粘贴后的文件还保留在之前的位置,剪切是文件在原始路径已经不存在,粘贴到了新的位置。

005.删除文件、文件夹

【删除文件操作步骤】

选中文件→单击鼠标右键→删除,或者选中文件按键删除 delete。

006.为文件、文件夹创建快捷方式

【文件创建快捷方式操作步骤】

选中文件→单击鼠标右键→创建快捷方式。

007.设置文件属性

【设置文件属性操作步骤】

选中文件→单击鼠标右键→属性→勾选对应的属性，如图 1-2 所示。

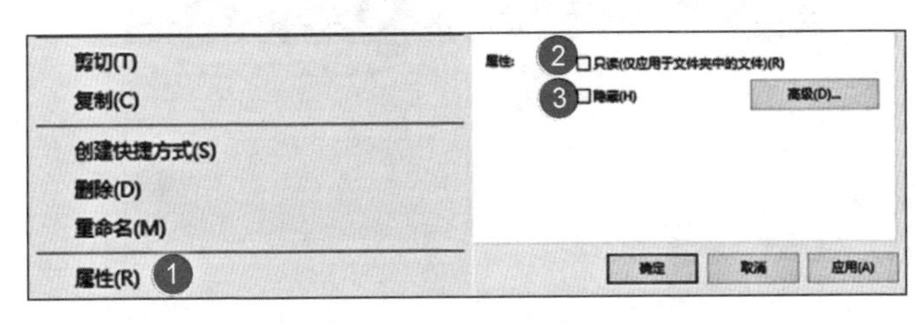

图 1-2　设置文件属性

特别提醒：题目未要求设置的属性，默认保持不动。

1.1.2　设置文件存档属性

题目要求：撤销 PRODUCT.WRI 文档的存档属性。

【设置文件存档属性操作步骤】

选中 PRODUCT.WRI 文档→单击鼠标右键→属性→高级→取消"可以存档文件夹(A)"的勾选，如图 1-3 所示。

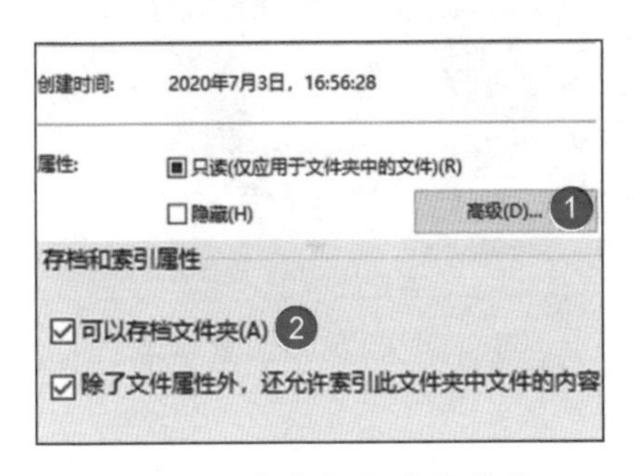

图 1-3　设置文件存档属性

1.1.3　搜索文件

题目要求：搜索考生文件夹中的文件 READ.EXE，为其建立一个名为 READ 的快捷方式，放置在考生文件夹下。

【搜索文件操作步骤】

打开考生文件夹→搜索框输入“READ”→即可找到对应的文件，如图 1-4 所示。

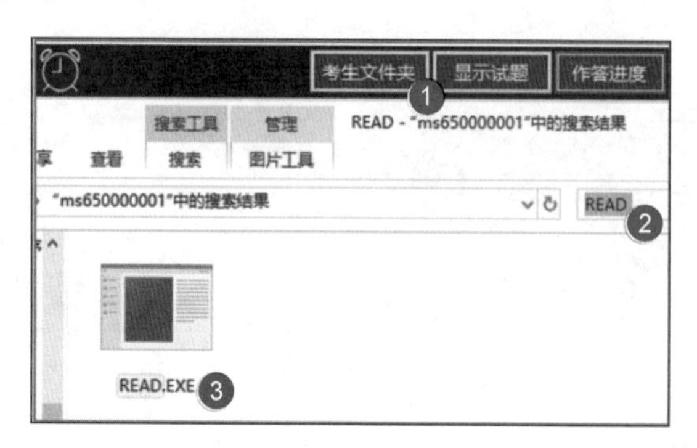

图 1-4 搜索文件

选择搜索出的文件→将此文件复制到考生文件夹下→点击鼠标右键→选择“创建快捷方式”→将文件重命名为“READ”。

特别提醒：重命名快捷方式时不能有文件后缀名，直接重命名即可，如图 1-5 所示。

图 1-5 快捷方式重命名

第 2 章　上网篇

在计算机一级考试中，上网题主要分为两个部分，分别为 IE 浏览器部分和 Outlook 部分。

2.1 IE 浏览器考点　　难度系数★★☆☆☆

2.1.1　常规考点

打开网页、浏览网页指定页面。

题目要求：某模拟网站的主页地址是：HTTP://LOCALHOST/index.html，打开此主页，浏览“李白”页面。

【浏览网页操作步骤】

点击工具箱→选择“Internet Explorer 模拟器”→在弹出的对话框地址栏中输入网址“HTTP://LOCALHOST/index.html”→敲回车键打开网页→点击“盛唐诗韵”→选择“李白”，如图 2-1 所示。

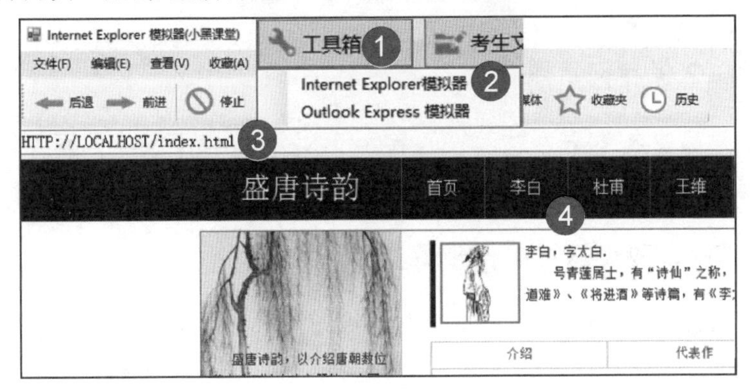

图 2-1　浏览网页

2.1.2 保存网页内容

001.网页内容以文本文件格式保存

题目要求:打开网站,查找介绍“周恩来”的页面内容,将此页面内容以文本文件的格式保存到考生文件夹下,命名为“ZHOUENLAI.txt”。

【以文本文件格式保存网页内容操作步骤】

打开“周恩来”界面(具体操作步骤可参考 2.1.1)→点击“文件”→“另存为”→选择考生文件夹路径→文件名改为“ZHOUENLAI.txt”→保存类型选择“文本文件(*.txt)”,如图 2-2 所示。

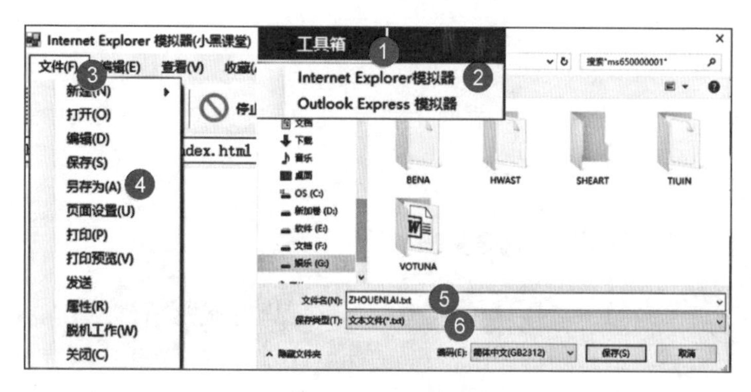

图 2-2 网页内容以文本文件格式保存

002.保存网页图片

题目要求:打开网站,浏览“节目介绍”页面,将页面中的图片保存到考生文件夹下,命名为“JIEMU.jpg”。

【保存网页图片操作步骤】

打开“节目介绍”界面(具体操作步骤可参考 2.1.1)→选中此页面的图片→点击鼠标右键→选择“图片另存为”→选择对应路径→文件名改为“JIEMU.jpg”,如图 2-3 所示。

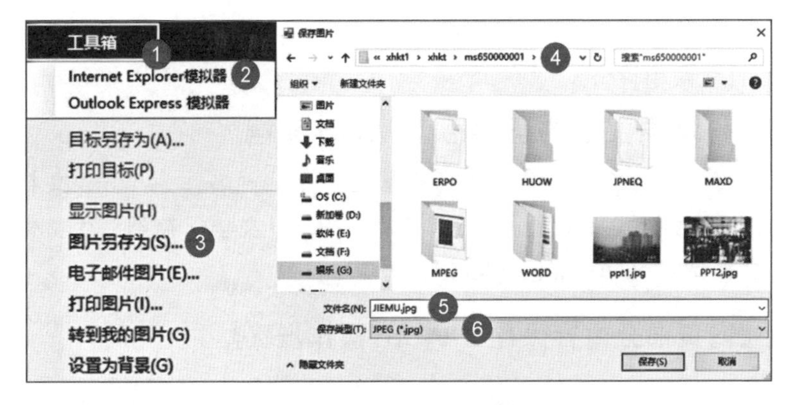

图 2-3 保存网页图片

003.保存网页内容为 HTML 格式

题目要求:打开网站,找到关于最强选手“王峰”的页面,将此页面另存为到考生文件夹下,文件名为“WangFeng.htm”,保存类型为“网页,仅 HTML (*.htm; *.html)”。

【保存网页内容为 HTML 格式操作步骤】

打开“王峰”界面(具体操作步骤可参考 2.1.1)→点击“文件”→“另存为”→选择对应路径→文件名改为“WangFeng.htm”→保存类型选择“网页,仅 HTML (*.htm; *.html)”,如图 2-4 所示。

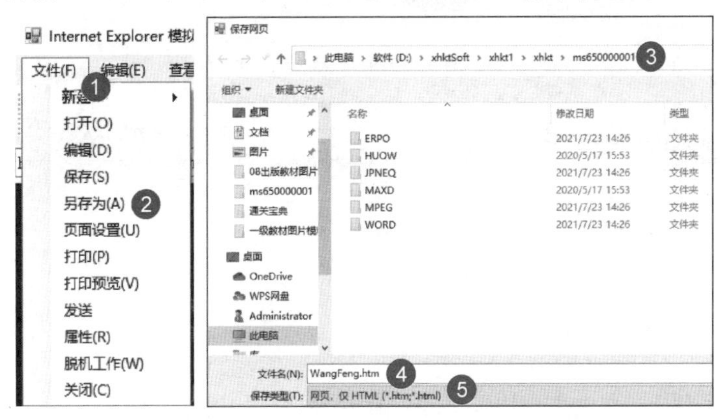

图 2-4 保存网页内容为 HTML 格式

特别提醒：将网页内容保存至考生文件夹时，一定要确保保存类型与题目要求相符合。

2.1.3 网页部分内容保存至 Word 文档

题目要求：将网站首页上所有最强选手的姓名作为 Word 文档的内容，每个姓名之间用逗号分开，并将此 Word 文档保存到考生文件夹下，文件命名为“Allnames.docx”。

【网页部分内容保存至 Word 操作步骤】

考生文件夹下新建 Word 文档并重命名为“Allnames.docx”（具体步骤可参照 1.1.1）→打开网页→找到最强选手页面→打开 Word 文件分别输入“刘健，王峰，王昱珩，陈俊生，李威，周紫卉，胡庆文”→保存 Word 文档，如图 2-5 所示。

图 2-5 网页部分内容保存至 Word

2.2 Outlook 考点　　难度系数★★☆☆☆

2.2.1 常规考点

接收邮件、发送新邮件、回复邮件。

001.写邮件的要素

发件人、收件人、抄送、主题、附件、内容，如图 2-6 所示。

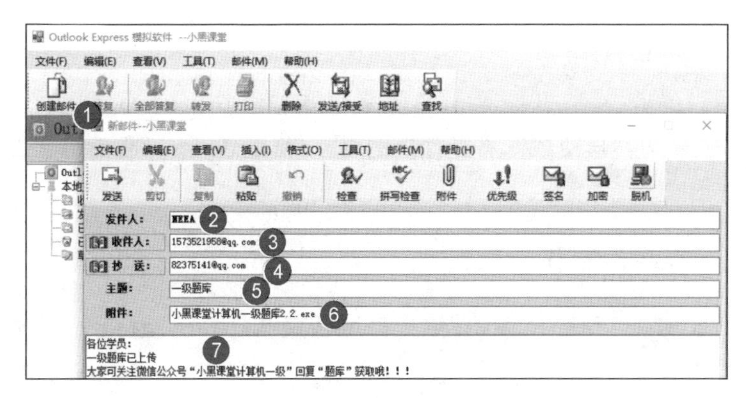

图 2-6　写新邮件

特别提醒:在有多个收件人时,每个收件人之间用英文状态下的分号隔开。

002.接收回复邮件

题目要求:接收并阅读由 wj@mail.cumtb.edu.cn 发来的 E-mail。

【接收回复邮件操作步骤】

点击"工具箱"→选择"Outlook Express 模拟器"→点击"发送/接受"→弹出的对话框点击"确定"→点击邮件即可打开阅读→点击"答复"即可回复该邮件,如图 2-7 所示。

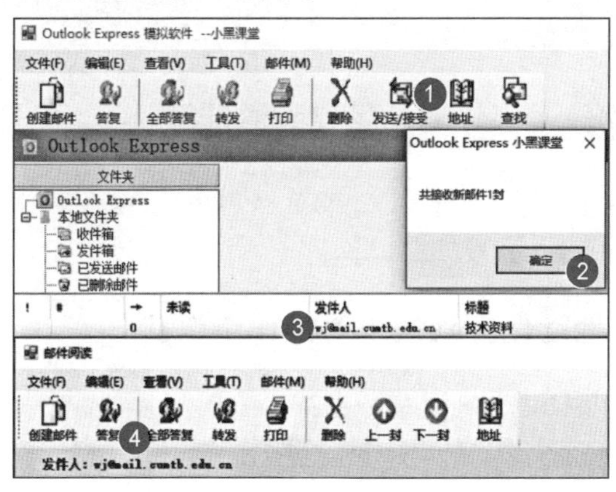

图 2-7　接收回复邮件

2.2.2 保存附件

题目要求：接收并阅读来自同事小张的邮件（zhangqiang@ncre.com），主题为："值班表"，将邮件中的附件"值班表.docx"保存到考生文件夹下。

【保存附件操作步骤】

接收同事小张的邮件（具体步骤可参照 2.2.1）→光标定位在附件处→点击鼠标右键→弹出的对话框中选择"另存为"→选择保存路径，如图 2-8 所示。

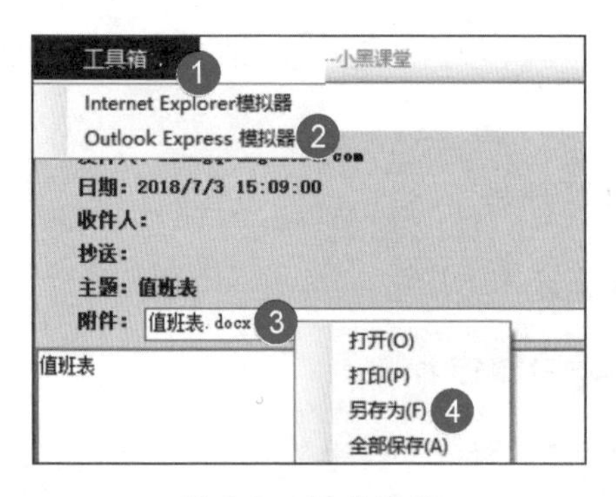

图 2-8　保存附件

2.2.3 通讯簿考点

001.将收件人邮件地址保存到通讯簿

题目要求：将收件人地址 wanglie@mail.neea.edu.cn 保存至通讯簿，联系人"姓名"栏填写"王列"。

【将邮件地址保存到通讯簿操作步骤】

打开"Outlook Express 模拟器"→点击"工具"→选择"通讯簿"→新建选择"新建联系人"→姓名处输入"王列"→电子邮箱处输入"wanglie@mail.neea.edu.cn"→点击确定，如图 2-9 所示。

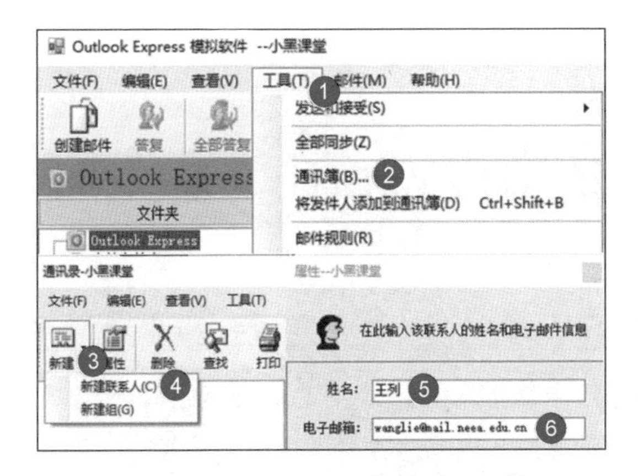

图 2-9 将邮件地址保存到通讯簿

002.新建联系人分组

题目要求:新建一个联系人分组,分组名字为“小学同学”,将小强加入此分组中。

【新建联系人分组操作步骤】

打开“Outlook Express 模拟器”→点击“工具”→选择“通讯簿”→新建选择“新建组”→组名处输入“小学同学”→点击“选择成员”→选择小强→点击确定,如图 2-10 所示。

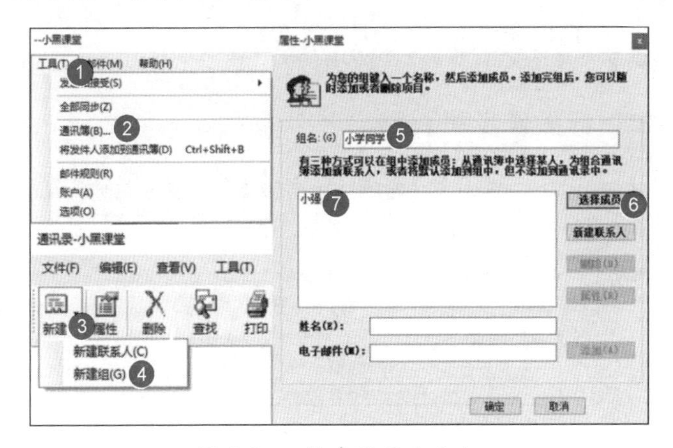

图 2-10 新建联系人分组

第 3 章　Word 文字处理篇

3.1 字体考点　　难度系数★★★★☆

文字是排版中最基本的元素。Word 提供了非常丰富的字体格式以改变文字的外观。在计算机一级考试中字体是一个重要的考点。

3.1.1　常规考点

字体、字号、加粗、倾斜、上标、下标、字体颜色、设置突出显示，如图 3-1 所示。

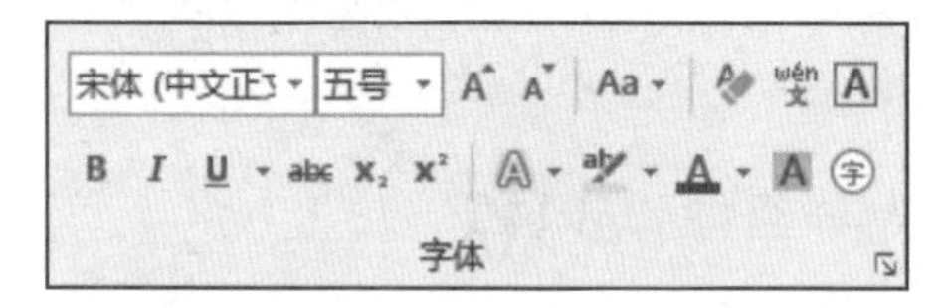

图 3-1　字体常规考点

001.添加上下标

题目要求：为正文中两处“107”中的“7”添加上标。

【添加上标操作步骤】

选中正文中的 7→【开始】选项卡【字体】组点击“上标”按钮→继续选择另一个“7”→设置上标即可，如图 3-2 所示。

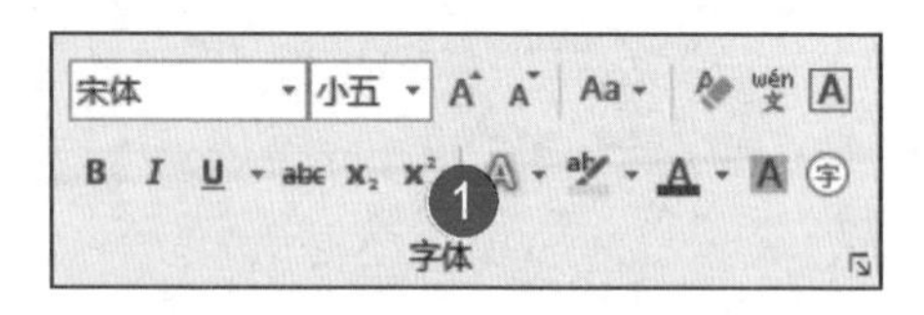

图 3-2　添加上标

002.设置渐变字体颜色

题目要求：将标题段文字（“生命科学是中国发展的机遇”）字体颜色的渐变方式设置为“深色变体/线性向下”。

【设置渐变字体颜色操作步骤】

选中标题段文字→【开始】选项卡点击字体颜色旁边的下拉箭头→展开的下拉框选择【渐变】→【深色变体】中选择“线性向下”，如图 3-3 所示。

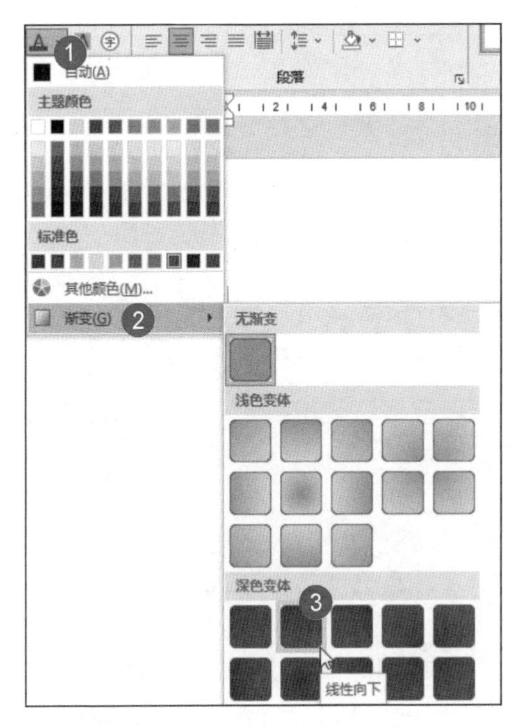

图 3-3　设置渐变字体颜色

003.设置文本突出显示

当文本中某个内容是重点时，可以使用突出显示这一功能对其进行标注，它就相当于平时生活中用到的荧光笔。

【设置文本突出显示操作步骤】

选中对应的文本→【开始】选项卡【字体】组点击“文本突出显示颜色”旁边的下拉箭头→展开的下拉列表中选择对应的颜色，如图 3-4 所示。

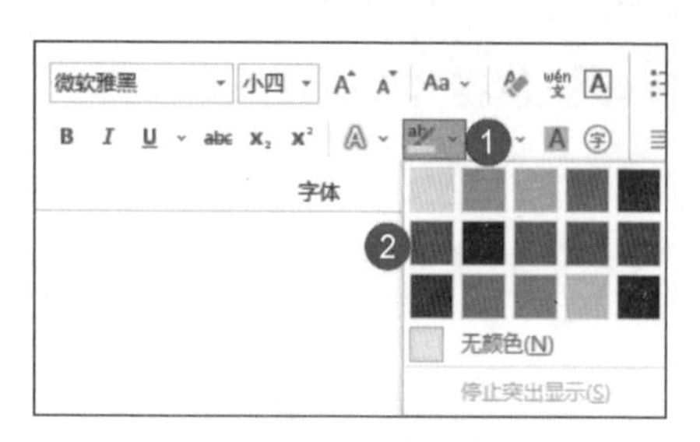

图 3-4 设置文本突出显示

3.1.2 添加着重号

在一篇文档中适当添加着重号，可以使文章中的重点一目了然。

【添加着重号操作步骤】

选中需要添加着重号的文本→点击字体组右下角→【字体】对话框中选择“着重号”，如图 3-5 所示。

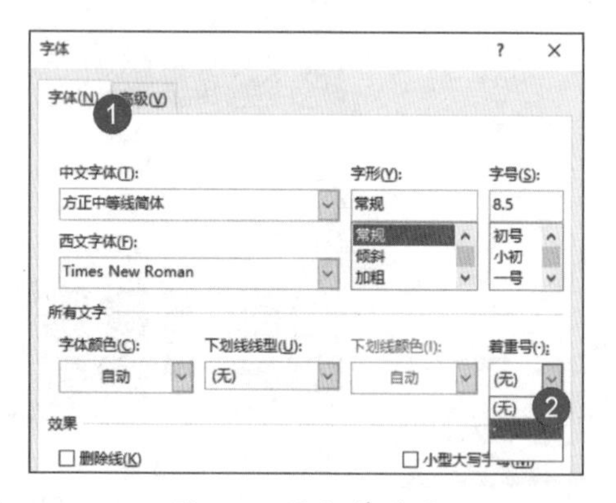

图 3-5 添加着重号

3.1.3 下划线考点

题目要求：为标题段文字添加蓝色(标准色)双波浪下划线。

【添加下划线操作步骤】

选中文本→点击【开始】选项卡【字体】组右下角箭头→【字体】对话框中选择下划线线型为“双波浪”→下划线颜色设置为“蓝色”，如图 3-6 所示。

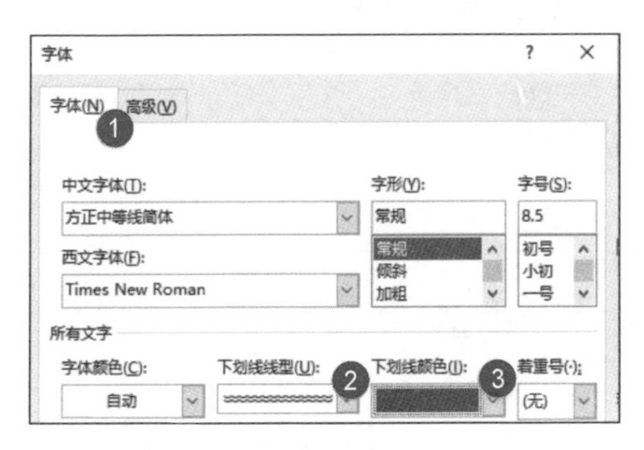

图 3-6　添加下划线

3.1.4　中英文混排

长文档中经常有中英文混排的情况，这些中英文文字，在排版时通常要求中文和英文分别使用不同的字体。

题目要求：设置正文各段落（“世界银行……到数第三名。”）的中文为楷体，西文为 Arial。

【中英文字体设置操作步骤】

选中正文中的所有文字→点击字体组右下角→【中文字体】和【西文字体】下拉列表中选择对应的字体，如图 3-7 所示。

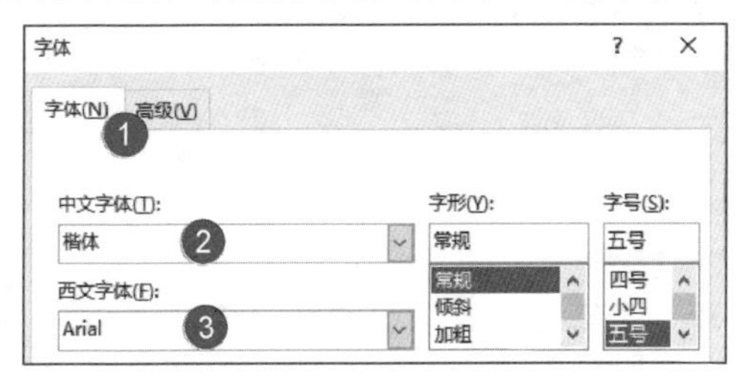

图 3-7　中英文字体

3.1.5 字体高级考点

001.字符间距考点

通过调整字符间距可以使文字排列更加紧凑或者松散。

【调整字符间距操作步骤】

选中文本→点击【开始】选项卡【字体】组右下角箭头→选择【高级】→【间距】下拉列表中选择间距类型→右侧的【磅值】框中设置大小，如图 3-8 所示。

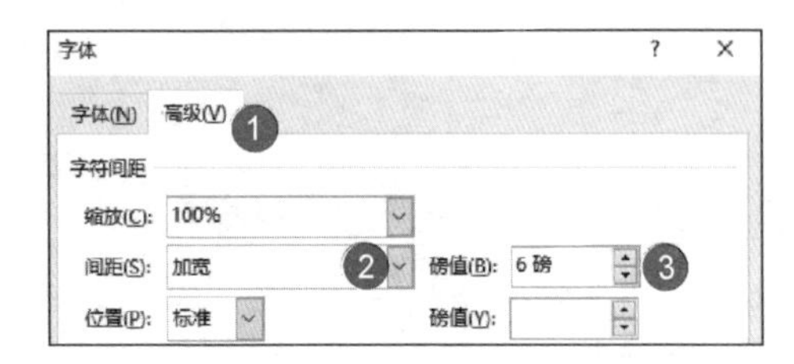

图 3-8　调整字符间距

002.字符位置考点

题目要求：将标题段文字（"冻豆腐为什么会有许多小孔?"）字符位置上升 12 磅。

【调整字符位置操作步骤】

选中文本→点击【开始】选项卡【字体】组右下角箭头→选择【高级】→【位置】下拉列表中选择"上升"→右侧的【磅值】框中设置大小为"12 磅"，如图 3-9 所示。

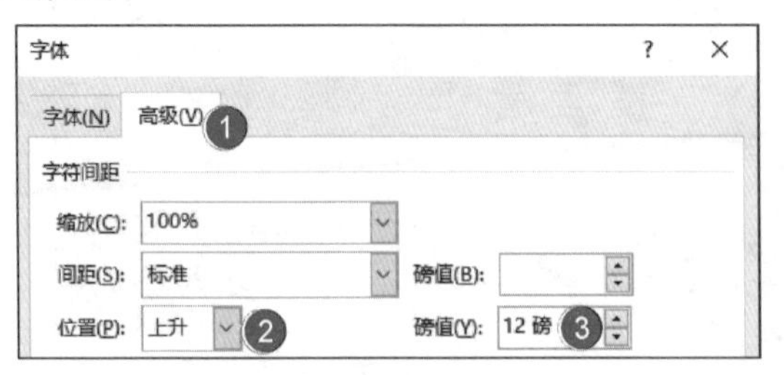

图 3-9　调整字符位置

3.1.6　文本效果考点

001.设置指定样式的文本效果

题目要求：将“第 31 届奥运会在里约闭幕”文本效果设置为内置样式“渐变填充：水绿色，主题色 5；映像”。

【设置文本效果操作步骤】

选中文本→【开始】选项卡【字体】组点击“文本效果”→选择“渐变填充：水绿色，主题色 5；映像”（光标移到该文本效果的右下角会出现对应的文字说明），如图 3-10 所示。

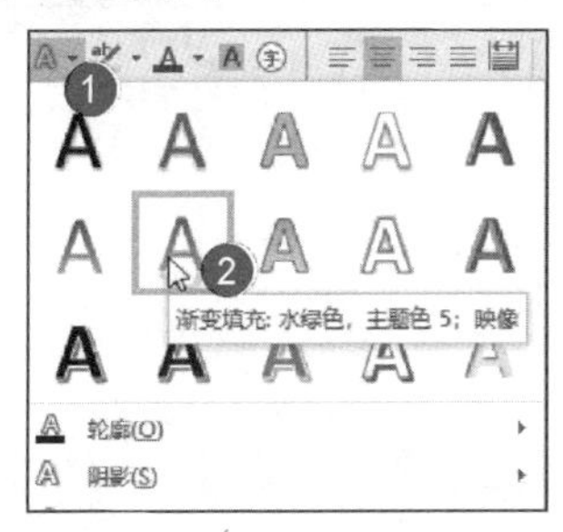

图 3-10　设置文本效果

002.设置阴影文本效果

题目要求：将标题段文本阴影效果为“透视：左上”、阴影颜色为蓝色（标准色）。

【设置阴影效果操作步骤】

选中标题段文本→【开始】选项卡【字体】组点击“文本效果”→选择阴影中的“透视：左上”，如图 3-11 所示。

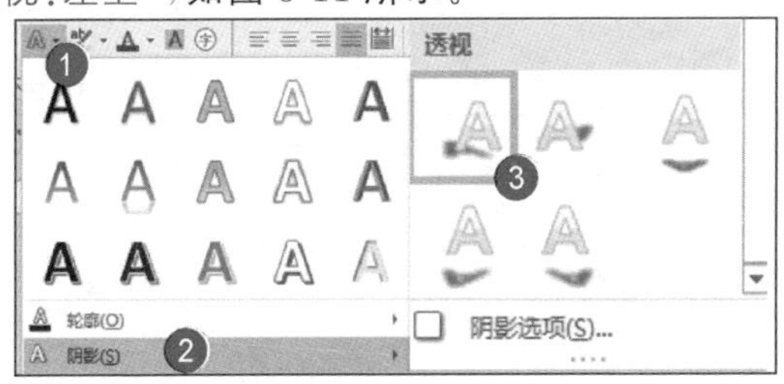

图 3-11　设置阴影效果

继续点击“文本效果”→“阴影”→点击“阴影选项”→颜色处选择“蓝色”，如图 3-12 所示。

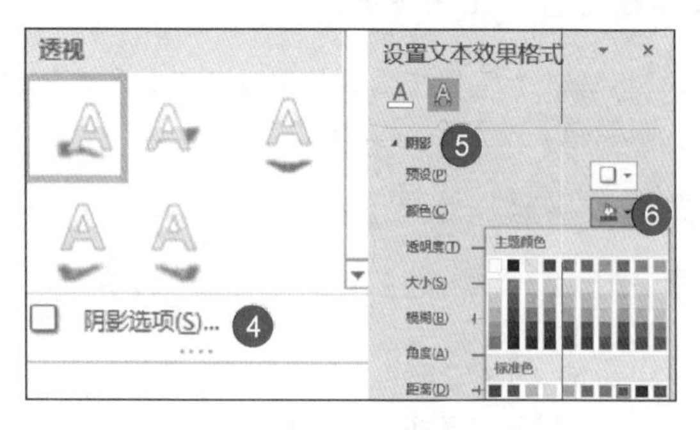

图 3-12　设置阴影效果

003.设置映像文本效果

题目要求：文本效果设为“映像/映像变体：全映像，8 磅偏移量”。

【设置映像文本效果操作步骤】

选中文本→点击“文本效果”选择“映像”→选择“全映像，8 磅偏移量”，如图 3-13 所示。

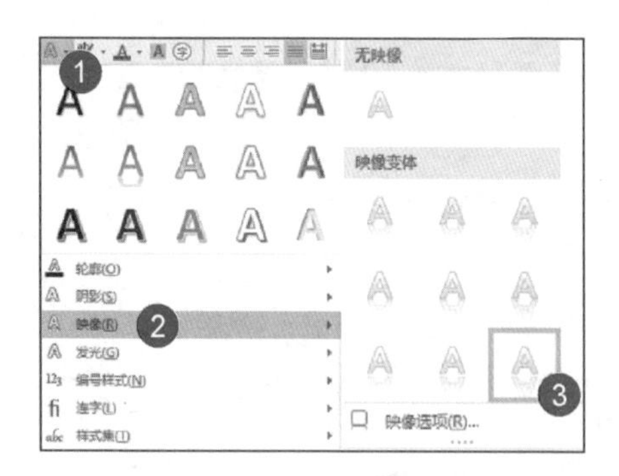

图 3-13　设置映像文本效果

继续点击“文本效果”→“映像”处点击“映像选项”→可设置映像的透明度、模糊等效果，如图 3-14 所示。

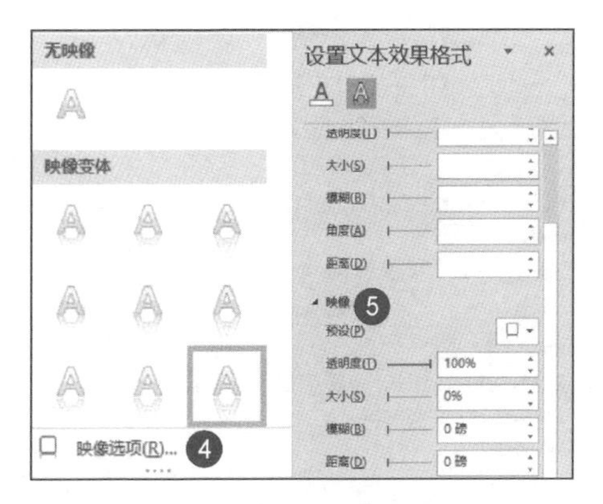

图 3-14　设置映像文本效果

004.设置其他类型文本效果

Word 中的文本效果不止有内置、映像等效果，还可以设置其他类型的效果，例如：轮廓、发光等效果，如图 3-15 所示。

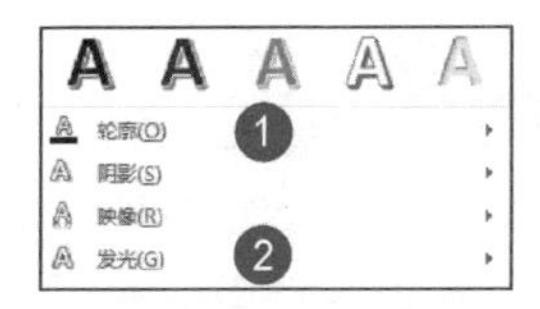

图 3-15　设置映像文本效果

3.1.7　文字效果考点

在文字效果中可以设置文本的轮廓线，轮廓样式，文本三维格式以及设置空心字等。

001.文本轮廓考点

题目要求：将“表 1.某大学智慧校园建设规划”的文本轮廓效果设置为“渐变线”、并设置其预设渐变、类型为“射线”、方向为“从右下角”。

【设置文本轮廓操作步骤】

选中“表 1.某大学智慧校园建设规划”文本→点击【开始】选项卡【字体】组右下角→打开字体对话框→点击“文字效果”→选择“文本轮

廓”→选择“渐变线”→选择其中任意一种预设渐变→类型选择“射线”→方向选择“从右下角”，如图 3-16 所示。

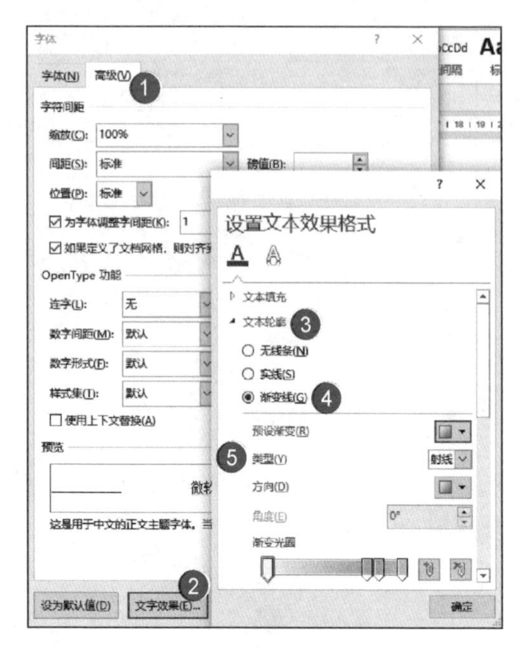

图 3-16　设置文本轮廓

文本轮廓还可以设置短划线类型和宽度，如图 3-17 所示。

图 3-17　设置文本轮廓

002.设置空心字考点

题目要求：将标题段文字设置为二号，蓝色(标准色)，空心黑体。

【设置空心字操作步骤】

选中标题段文字→点击【开始】选项卡【字体】组右下角→打开字体对话框→设置字号、颜色、字体→点击"文字效果"→选择"文本填充"→选择"无填充"，如图 3-18 所示。

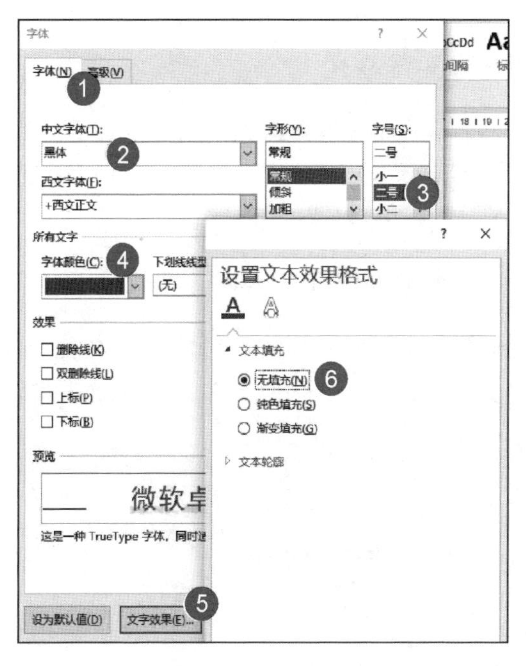

图 3-18　空心字

文本填充为"无"后→点击"文本轮廓"→选择"实线"→颜色处选择"蓝色(标准色)"，如图 3-19 所示。

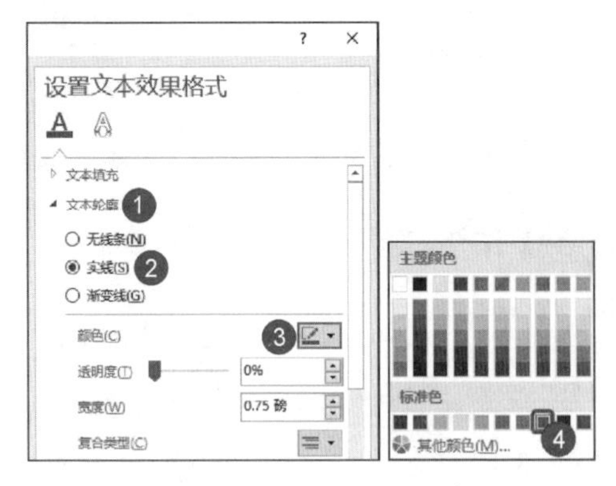

图 3-19　设置文本轮廓

003.设置文本三维格式

题目要求:将标题段的文本效果设置为三维格式:“底部棱台/松散嵌入高度/15 磅”、“深度/红色(标准色),大小/10 磅”、“曲面图/紫色(标准色),大小/1 磅”,“材料/线框”。

【设置文本三维格式操作步骤】

选中标题段文本→点击【开始】选项卡【字体】组右下角→打开字体对话框→点击“文字效果”→选择“文字效果”点击“三维格式”,如图 3-20 所示。

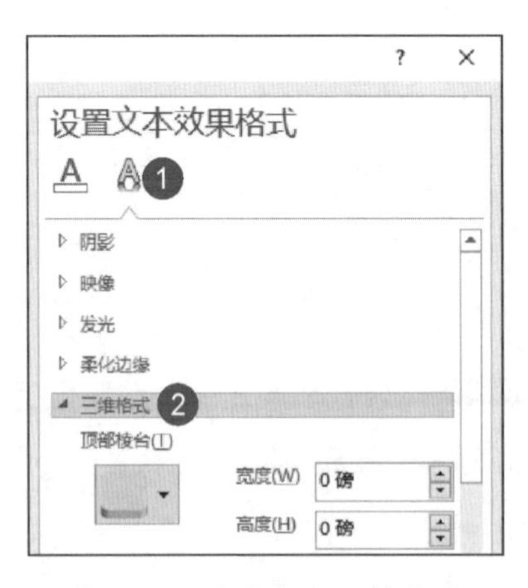

图 3-20　设置文本三维格式

分别设置其棱台格式、高度→设置其“深度”的颜色、大小→“曲面图”的颜色以及大小→设置其“材料”类型，如图 3-21 所示。

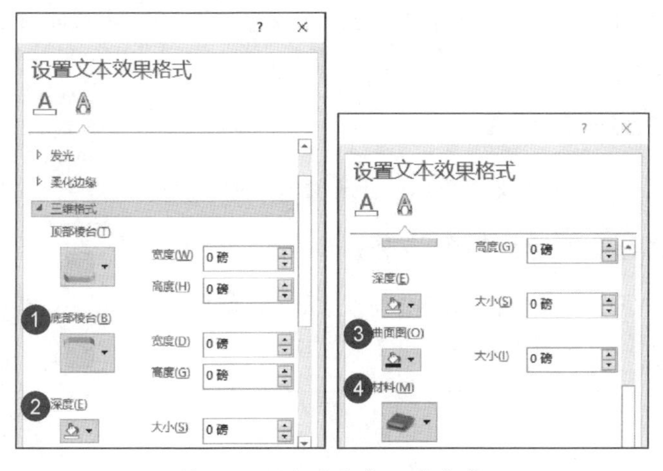

图 3-21　设置文本三维格式

3.2 段落考点　　难度系数★★★☆☆

3.2.1　常规考点

对齐方式、左右缩进、首行缩进、悬挂缩进、段落间距、行距，如图 3-22 所示。

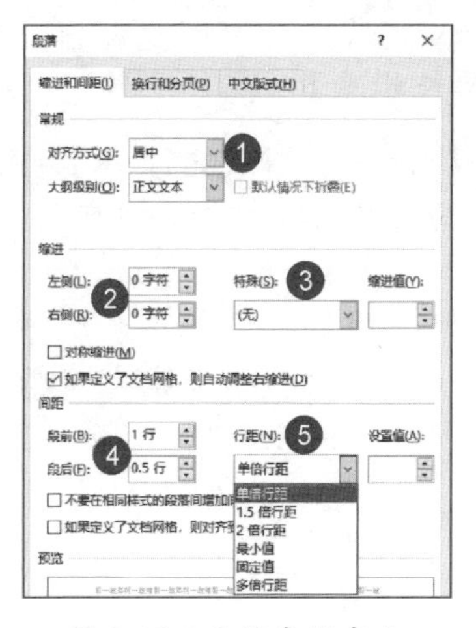

图 3-22　段落常规考点

缩进:左右缩进,特殊格式(首行缩进、悬挂缩进),单位有字符、厘米,如果找不到题目要求的单位,手动输入即可。

段落间距:段前距,段后距,段间距单位有行、磅,单位手动输入即可修改。

001.多倍行距考点

题目要求:将正文部分的行距设置为 1.15 倍行距。

【设置多倍行距操作步骤】

选中正文文本→【开始】选项卡点击【段落】组右下角→行距处选择“多倍行距”→设置值处输入“1.15”,如图 3-23 所示。

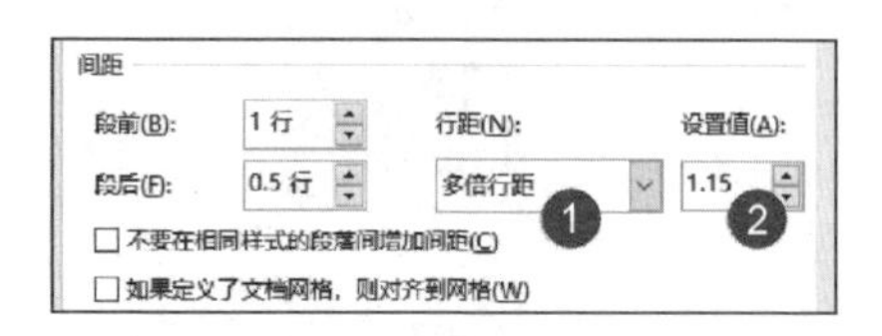

图 3-23　设置多倍行距

特别提醒:在设置多倍行距时,直接输入数值即可,不需要输入单位。

002.固定值行距考点

题目要求:设置正文各段落行距为 20 磅。

【固定值行距操作步骤】

选中正文文本→【开始】选项卡点击【段落】组右下角→行距处选择“固定值”→设置值处输入“20 磅”,如图 3-24 所示。

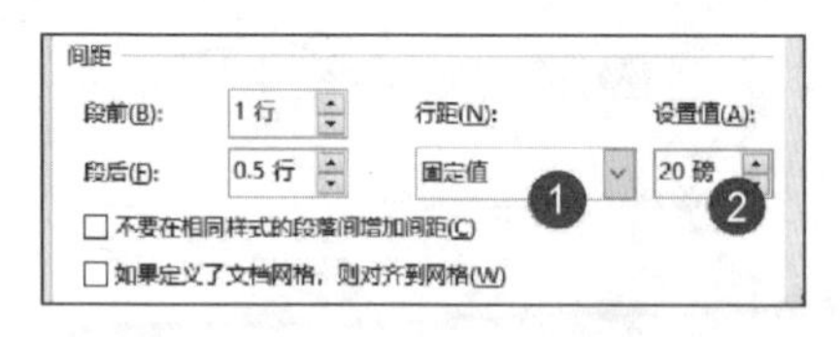

图 3-24　固定值行距

3.2.2　项目符号

项目符号是放在文本(如列表中的项目)前以增强强调效果的点或

其他符号。

【设置项目符号操作步骤】

选中文本→【开始】选项卡【段落】组点击【项目符号】按钮旁边的下拉箭头→选择对应的符号，如图 3-25 所示。

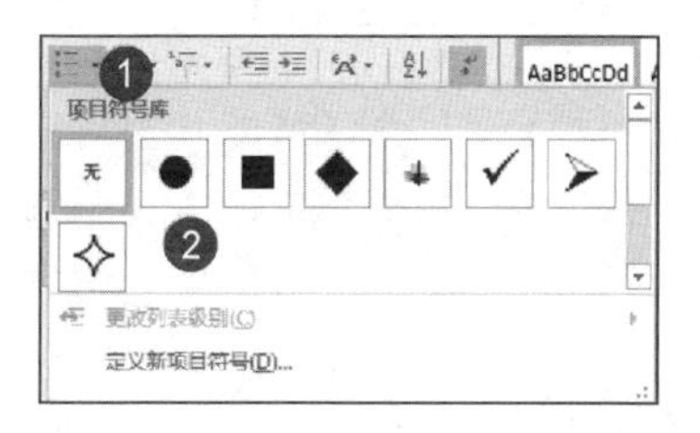

图 3-25　设置项目符号

001.使用符号定义新的项目符号

题目要求：设置项目符号（请“定义新项目符号”，选择“符号/Wingdings”字体中的笑脸符号）。

【设置符号项目符号操作步骤】

选中需要定义项目符号的文本→【开始】选项卡【段落】组点击【项目符号】旁边的下拉箭头→选择“定义新的项目符号”→点击【符号】→字体选择“wingdings”→选择“笑脸符号”，如图 3-26 所示。

图 3-26　设置符号项目符号

002.使用图片定义新的项目符号

题目要求：设置项目符号(项目符号字符位于考生文件夹下的图片tulips.jpg，请定义新项目符号并导入图片)。

【设置图片项目符号操作步骤】

选择"定义新的项目符号"→点击【图片】→从弹出的对话框中点击【从文件浏览】→找到图片所在路径将其导入→选中图片点击【插入】，如图3-27所示。

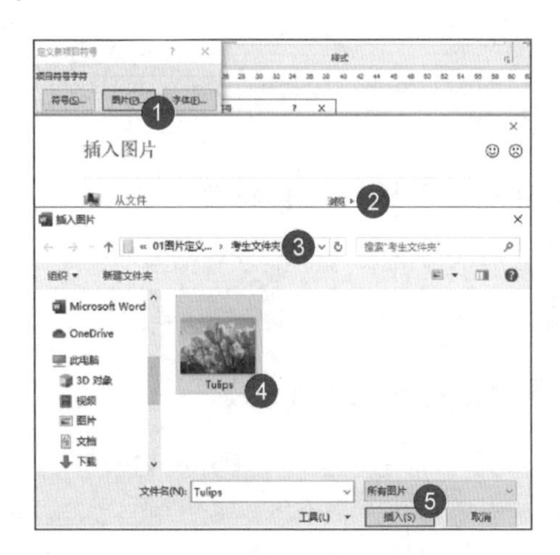

图 3-27　设置图片项目符号

特别提醒：

1.某些情况下，自定义项目符号后不会显示对应的项目符号，只需再设置一次即可；

2.应用项目符号后可能会导致正文的字号大小发生变化，这时选择对应的文本再设置正确的字号即可。

3.2.3　项目编号

合理使用项目编号，可以使文档的层次结构更清晰、更有条理。

题目要求：为正文添加"1)、2)、3)、…."样式的自动编号。

【添加项目编号操作步骤】

选中需要添加编号的文本→【开始】选项卡【段落】组点击“项目编号”→编号库中选择“1)、2)、3)、....”的样式，如图 3-28 所示。

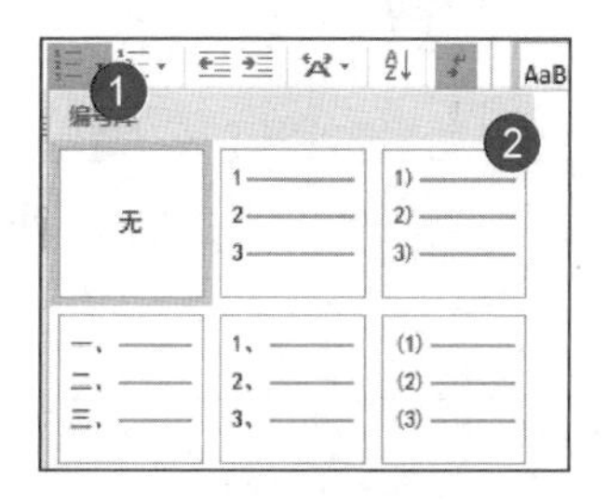

图 3-28　添加项目编号

如果编号库中没有符合的编号样式，可以选择【定义新的编号格式】，设置符合需求的格式。

【定义新编号格式操作步骤】

【编号库】中选择【定义新编号格式】→【编号样式】里选择新的编号样式→【编号格式】输入新编号格式，如图 3-29 所示。

图 3-29　定义新编号格式

3.2.4 边框和底纹

题目要求：将标题段文字添加黄色（标准色）底纹，底纹图案样式为“20%”、颜色为“自动”。

【设置边框和底纹操作步骤】

选中标题段文字→【开始】选项卡【段落】组点击“边框和底纹”→点击“底纹”→填充处选择“黄色”→样式处选择“20%”→应用于选择“文字”，如图 3-30 所示。

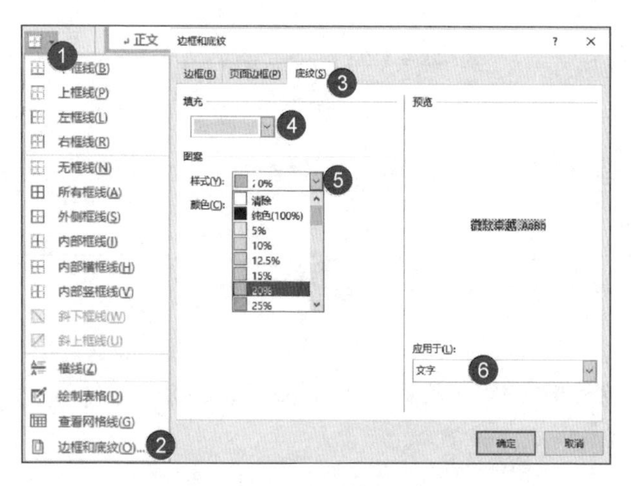

图 3-30 设置边框和底纹

3.3 样式考点 难度系数★★☆☆☆

样式在一级考试中主要考核了应用样式、修改样式等知识点。

3.3.1 应用样式

题目要求：设置标题段（“60 亿人同时打电话”）为“标题 1”样式。

【应用样式操作步骤】

选中标题段文字→【开始】选项卡【样式】组点击“标题 1”样式，如图 3-31 所示。

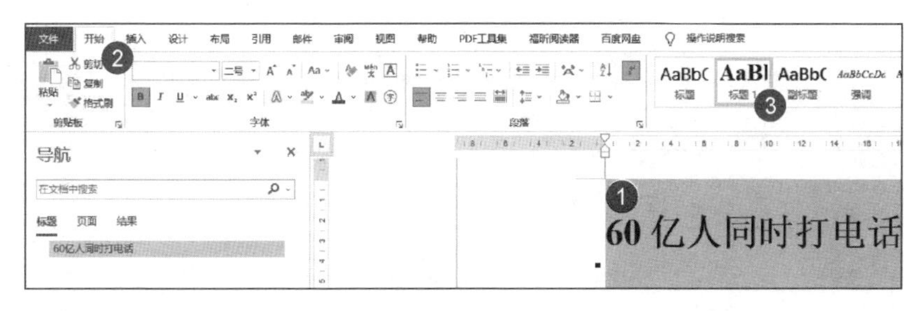

图 3-31　应用样式

特别提醒:若样式中未出现需要应用的样式,如将标题段文字(“义乌跨境电子商务分析”)应用“标题 4”样式。

【应用样式中未出现的样式操作步骤】

光标定位在样式处→点击【样式】组右下角的下拉箭头→选择“管理样式”→弹出的对话框中选择“推荐”选项卡→选中“标题 4”点击“显示”,如图 3-32 所示。

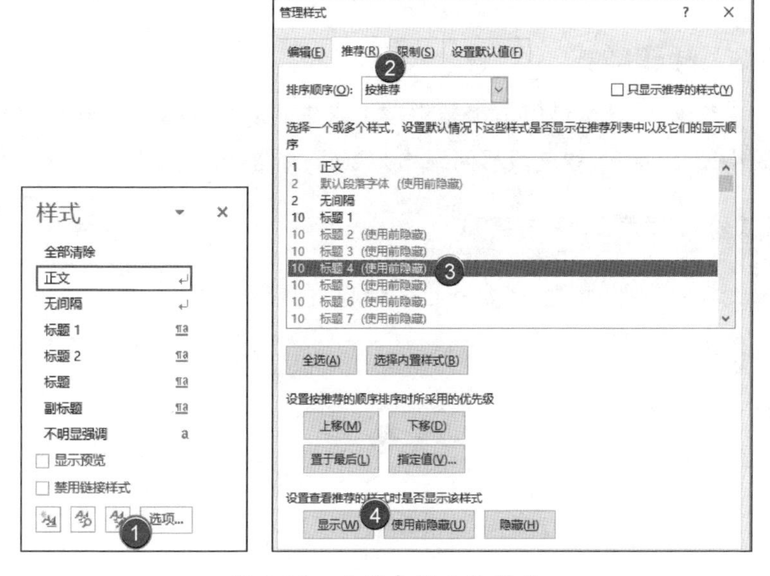

图 3-32　应用未显示的样式

3.3.2 创建样式

题目要求：将标题段文字（“某大学智慧校园实践”）创建“标题 5”样式。

【创建样式操作步骤】

【开始】选项卡【样式】组点击“其他”按钮→展开的下拉列表中选择“创建样式”→名称处输入“标题 5”，如图 3-33 所示。

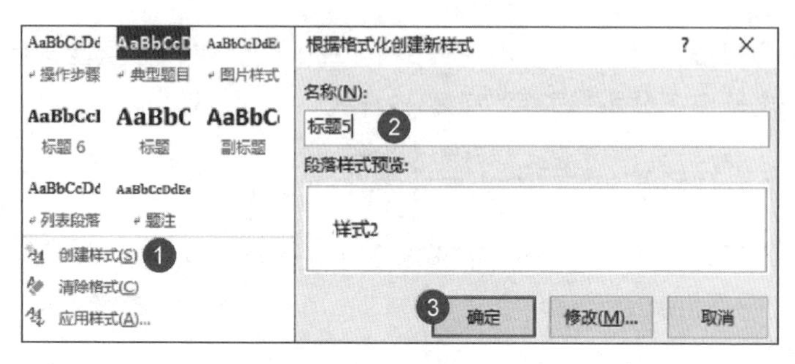

图 3-33 创建样式

3.3.3 修改样式

题目要求：将标题（“活出精彩搏出人生”）应用“标题 1”样式，并设置为小三号、隶书、段前段后间距均为 6 磅、单倍行距、居中。

【修改样式操作步骤】

光标定位在“标题 1”处→点击鼠标右键弹出的对话框中点击“修改”，如图 3-34 所示。

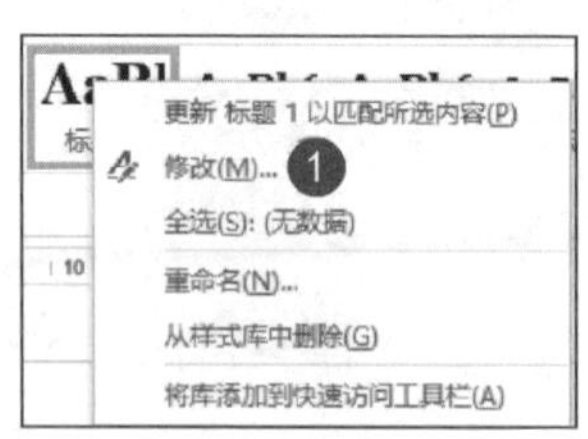

图 3-34 修改样式

点击格式修改对应的字体、段落格式，如图3-35所示。

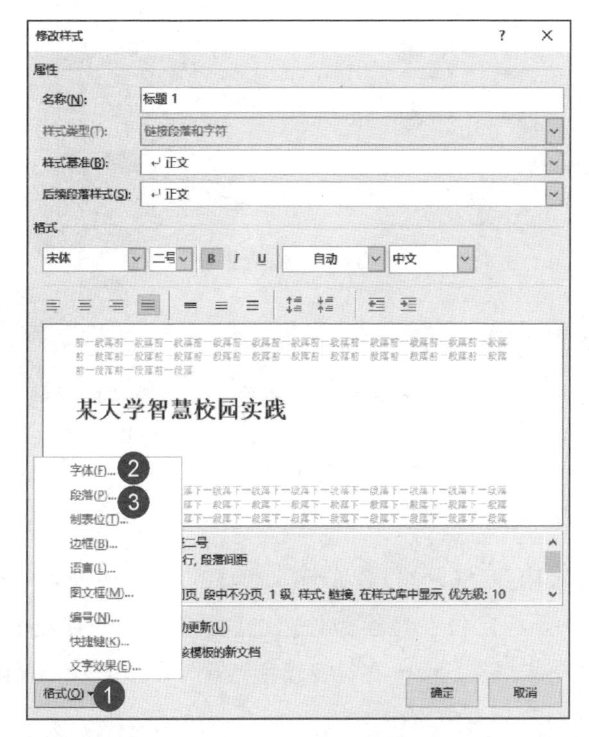

图3-35　修改样式

3.4 编辑考点　　难度系数★★☆☆☆

合理地使用替换功能，能够高效地解决很多问题，例如批量修改同一个内容，批量删除文档中的全部空白行等。

3.4.1　简单替换

题目要求：将文中所有错词“鹰洋”替换为“营养”。

【简单替换操作步骤】

【开始】选项卡【编辑】组点击【替换】→查找内容处输入“鹰洋”→替换为处输入“营养”→点击【全部替换】，如图3-36所示。

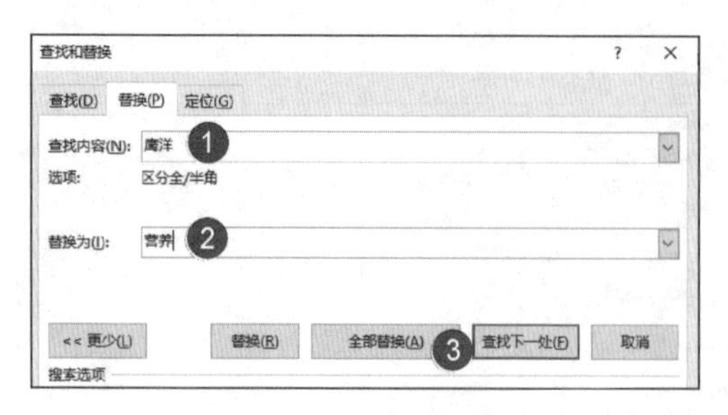

图 3-36　简单替换

3.4.2　批量修改格式

题目要求:将正文中所有“app”(不区分大小写)加绿色(标准色)任意下划线。

【批量修改格式操作步骤】

选中正文内容→【开始】选项卡【编辑】组点击【替换】→查找内容处输入“app”→光标定位在替换为处点击【更多】→点击【格式】选择“字体”→选择“下划线”线型→下划线颜色选择“绿色”→点击【全部替换】→弹出的提示对话框中点击“否”,如图 3-37 所示。

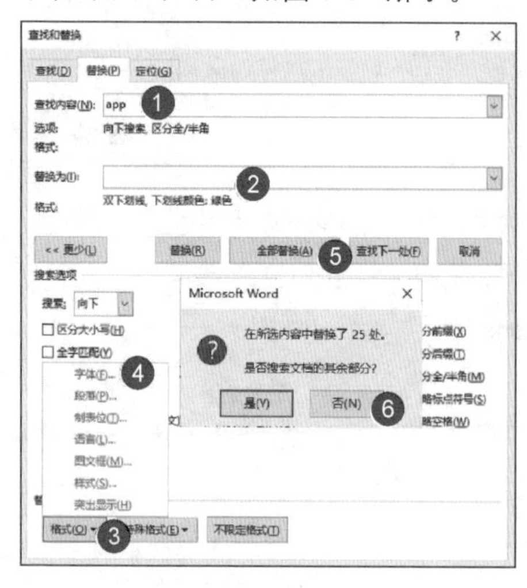

图 3-37　批量修改格式

3.4.3　通配符的使用

题目要求：将正文中的 5 个小标题[“(1)、(2)、(3)、(4)、(5)”]修改成新定义的项目符号“▸”。

【通配符的使用操作步骤】

复制文章中的任意的一个编号[例如：(2)]→打开替换对话框→将复制的编号粘贴至“查找内容”处→将数字改为“?”→勾选“使用通配符”→“替换为”处不输入任何内容→点击“全部替换”即可将序号删除→选中 5 个小标题添加项目符号“▸”，如图 3-38 所示。

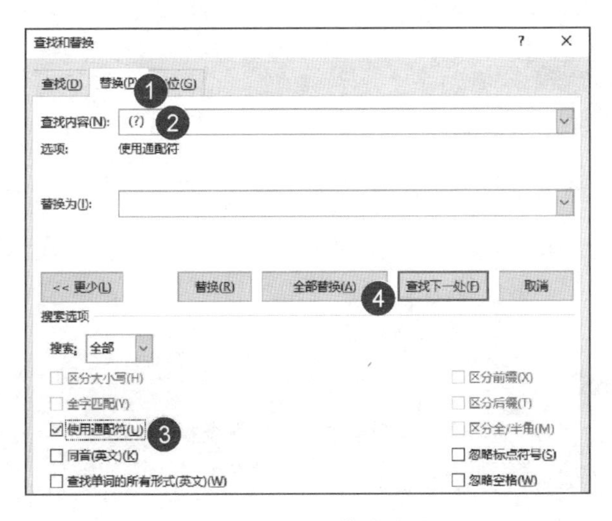

图 3-38　通配符的使用

特别提醒：

1.若题目要求的是为正文内容加格式，需选中正文内容后再替换，点击全部替换后弹出的提示对话框中点击否；

2.通配符：? 代表任意单个字符，* 代表任意多个字符(? 和 * 均是英文状态下输入)；

3.替换格式时，一定要先将光标定位到“替换为”处再点击“格式”

选择对应的格式，如果光标定位错误设置了格式，点击不限定格式即可。

3.4.4 移动文本考点

题目要求：将正文第二段文字（“交互性是……进行控制。”）移至第三段文字（“集成性是……协调一致。”）之后（但不与第三段合并）。

【移动文本操作步骤】

选中第二段文本→点击鼠标右键→弹出的对话框中点击“剪切”→将光标定位到第三段文本的最后→敲回车键另起一段→点击鼠标右键→弹出的对话框中点击“粘贴”，如图 3-39 所示。

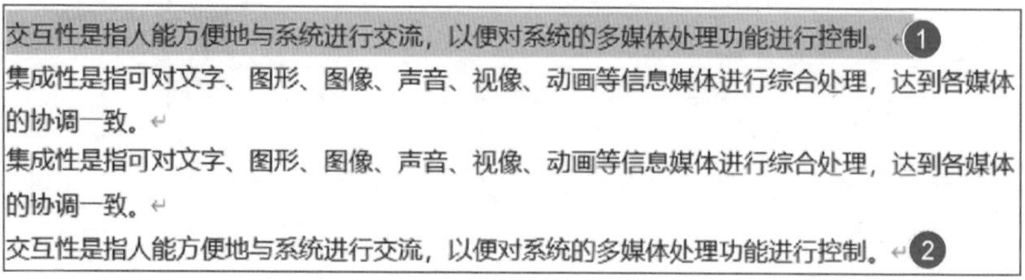

交互性是指人能方便地与系统进行交流，以便对系统的多媒体处理功能进行控制。↵ ①
集成性是指可对文字、图形、图像、声音、视像、动画等信息媒体进行综合处理，达到各媒体的协调一致。↵
集成性是指可对文字、图形、图像、声音、视像、动画等信息媒体进行综合处理，达到各媒体的协调一致。↵
交互性是指人能方便地与系统进行交流，以便对系统的多媒体处理功能进行控制。↵ ②

图 3-39 移动文本

特别提醒：

1.若题目要求为与某一段合并，直接将光标定位到那一段的末尾，粘贴即可，不需要敲回车键；

2.粘贴后会出现一个多余的空白行，直接按“delete”键将其删除。

3.5 封面考点 难度系数★☆☆☆☆

为了让文档看起来更加合理规范，多数情况下都会在文档的第一页加上封面，封面可以自己制作也可以插入 office 自带的。

【插入内置封面操作步骤】

点击【插入】选项卡【页面】组的“封面”→展开的下拉列表中选择其

中一种内置封面，如图 3-40 所示。

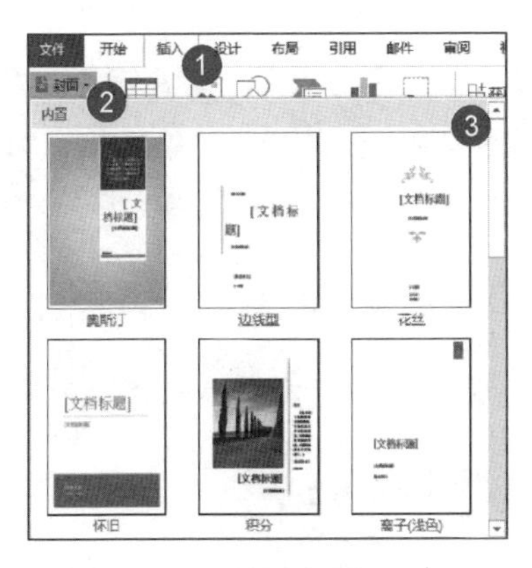

图 3-40　插入内置封面

3.6 表格考点　　难度系数★★★★★

表格部分在一级考试中是考核的重点，基本上每一套真题都会涉及表格，各位考生需要重点掌握。

3.6.1　常规考点

调整行高列宽、合并拆分单元格、插入/删除行列、自动调整表格。

【表格常规操作步骤】

选中需要调整的表格行或列→【表格工具/布局】选项卡→即可对表格进行相应的调整，如图 3-41 所示。

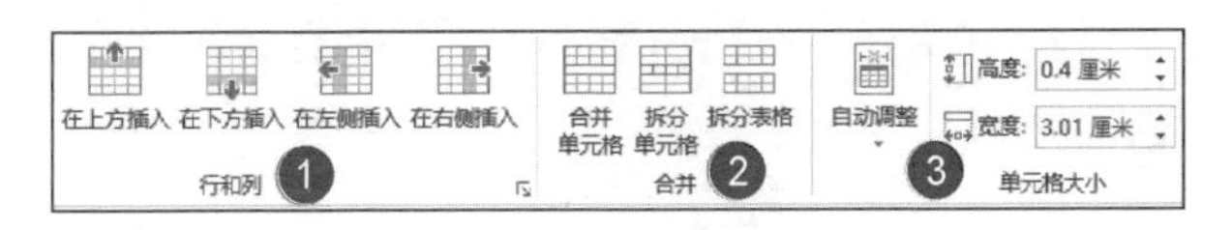

图 3-41　表格常规

001.合并单元格考点

题目要求：合并表格第一列的第 2-6、7-9、10-12 单元格。

【合并单元格操作步骤】

选中表格第一列的 2-6 个单元格→【表格工具/布局】选项卡点击“合并单元格”→分别选择第一列的“7-9”单元格和“10-12”单元格合并单元格。

002.自动调整表格考点

题目要求：将表格设置为根据内容自动调整表格。

【自动调整表格操作步骤】

选中表格→【表格工具/布局】选项卡点击“自动调整”→展开的下拉框中选择“根据内容自动调整表格”，如图 3-42 所示。

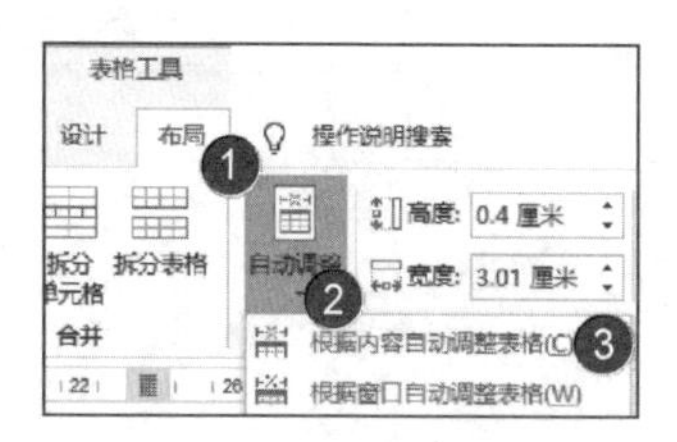

图 3-42　合并单元格

3.6.2　文本转换成表格

当 Word 文档中有很多行文字需要放在表格中显示时，可以使用文本转换成表格快速实现。

题目要求：按照文字分隔位置（逗号）将文中后 9 行文字转换为一个 9 行 5 列的表格。

【文本转换成表格操作步骤】

选中最后 9 行文本→【插入】选项卡【表格】组点击“表格”→展开的下拉列表中选择“文本转换成表格”→确定表格行列数分别为“5 列 9 行”以及文字分隔位置为“逗号”→点击确定，如图 3-43 所示。

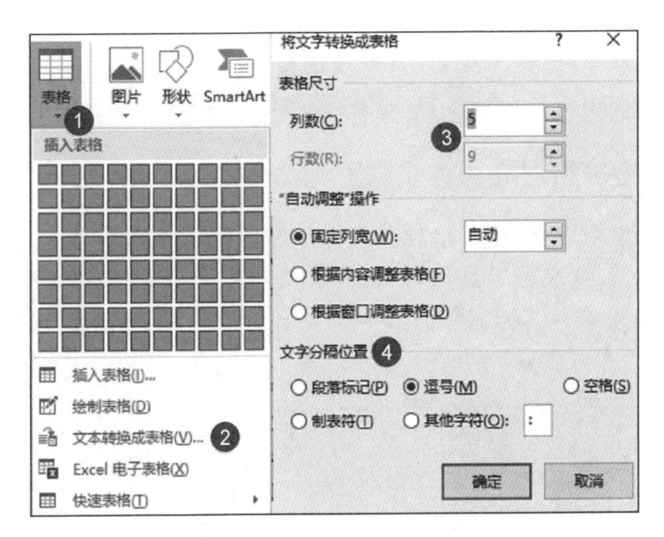

图 3-43　文本转换成表格

3.6.3　套用表格样式

为了使表格快速达到美化的效果，可以使用内置的表格样式。

题目要求：将表格样式设置为“简明型 1”。

【套用表格样式操作步骤】

选中表格→【表格工具/设计】选项卡【表格样式】组→选择“简明型 1”的样式，如图 3-44 所示。

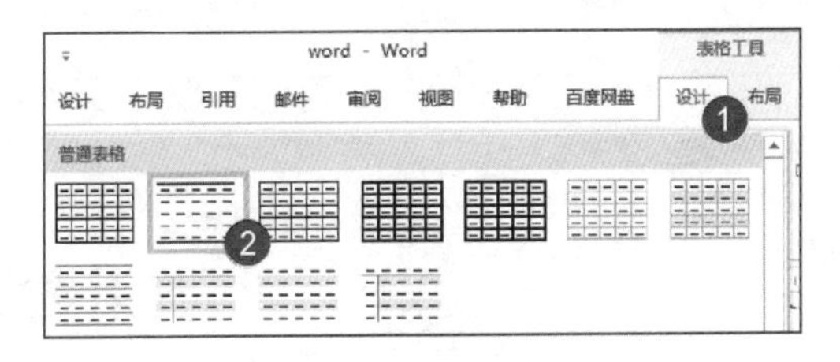

图 3-44　套用表格样式

3.6.4　表格对齐

表格的对齐分为表格整体的对齐和表格内容的对齐，表格内容对齐总共有九种对齐方式，在做题前一定要看清楚题目要求，注意区分。

题目要求：设置表格居中，表格中第 1 行和第 1 列、第 2 列的所有单元格中的内容水平居中，其余各行各列单元格内容中部右对齐。

【设置表格对齐操作步骤】

选中整个表格→【开始】选项卡【段落】组点击“居中”按钮→选中表格的第 1 行→【表格工具/布局】选项卡【对齐方式】组点击“水平居中”→继续调整第一二列对齐方式→选中其余单元格→【表格工具/布局】选项卡【对齐方式】组点击“中部右对齐”，如图 3-45 所示。

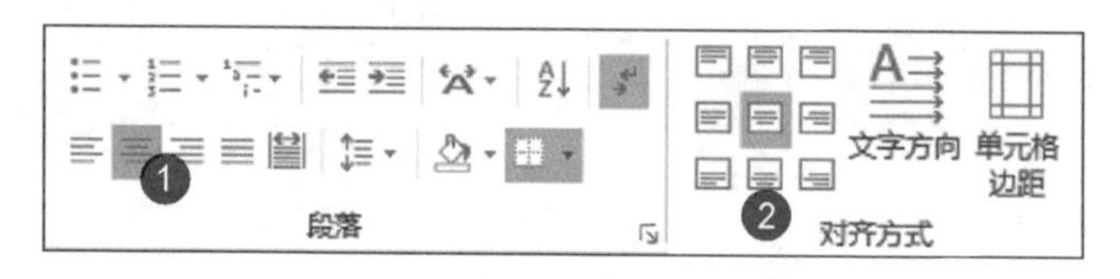

图 3-45 设置表格对齐

3.6.5 单元格边距

题目要求：设置表格单元格的左边距为 0.1 厘米、右边距为 0.4 厘米。

【调整单元格边距操作步骤】

选中整个表格→【表格工具/布局】选项卡【对齐方式】组点击“单元格边距”→左边距调整为“0.1 厘米”→右边距调整为“0.4 厘米”，如图 3-46 所示。

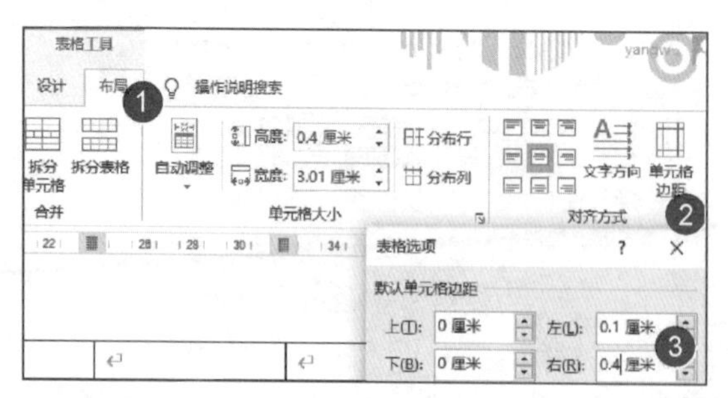

图 3-46 调整单元格边距

3.6.6　排序

使用排序功能，可以使数据变得更加有条理性。

题目要求：按主要关键字“糖类(克)”列、依据“数字”类型升序，次要关键字“VC(毫克)”列、依据“数字”类型降序排列表格内容。

【排序操作步骤】

光标定位在表格内→【表格工具/布局】选项卡【数据】组点击【排序】→主要关键字选择“糖类(克)”→类型选择“数字”→升序排序→次要关键字选择“VC(毫克)”→类型选择“数字”→降序排序，如图 3-47 所示。

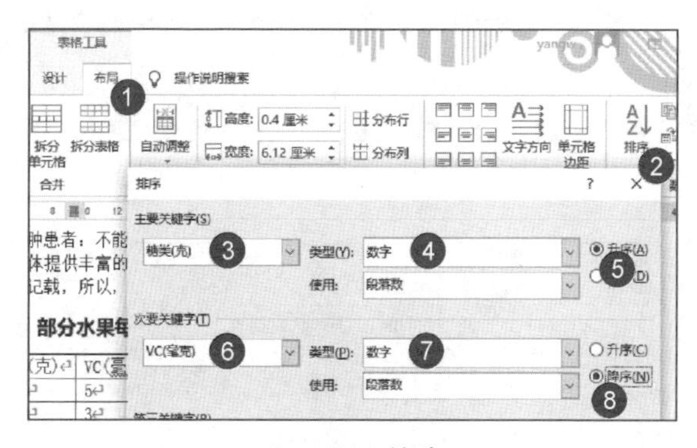

图 3-47　排序

3.6.7　重复标题行

当一个表格在两页或多页上显示时，第二页的表格以及后面的表格是没有标题行的，这对查看后面的数据非常不方便，使用重复标题行功能可以很好地解决这一问题。

【重复标题行操作步骤】

选中表格的标题行（一般情况下为表格第一行）→【表格工具/布局】选项卡【数据】组点击“重复标题行”，如图 3-48 所示。

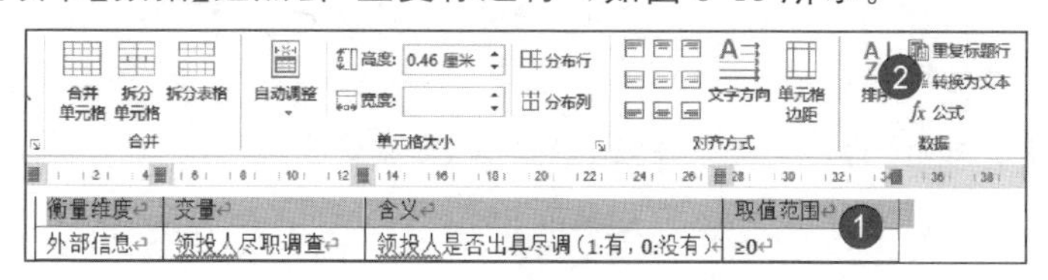

图 3-48　重复标题行

3.6.8 插入公式

在 Word 表格中可以进行简单的计算，比如求和、求平均值等。

001.求和公式考点

题目要求：在表格最后一行其余列单元格中利用公式分别计算相应列的合计值。

【表格数据求和操作步骤】

光标定位在最后一行的第二个单元格→【表格工具/布局】选项卡【数据】组点击“公式”→公式处为“＝SUM(ABOVE)”→点击确定→将第一个数值复制粘贴到后面的单元格→选中数值按“F9”刷新，如图 3-49 所示。

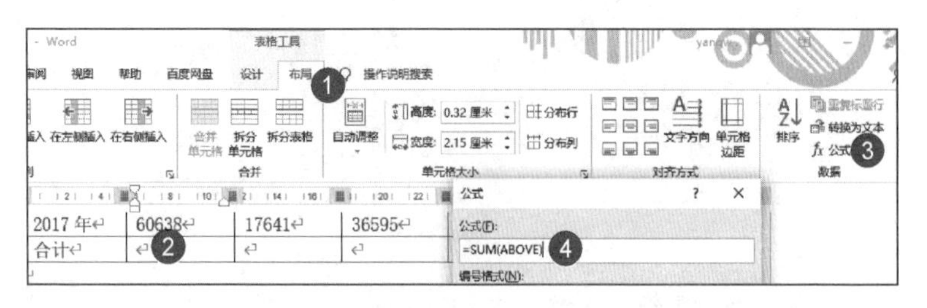

图 3-49 表格数据求和

002.平均值公式考点

题目要求：在列标题为“平均成绩”的相应单元格内填入左侧三门功课的平均成绩。

【求平均值操作步骤】

光标定位在最后一列的第二个单元格→【表格工具/布局】选项卡【数据】组点击“公式”→公式处为“＝AVERAGE(LEFT)”→点击确定→将第一个数值复制粘贴到后面的单元格→选中数值按“F9”刷新，如图 3-50 所示。

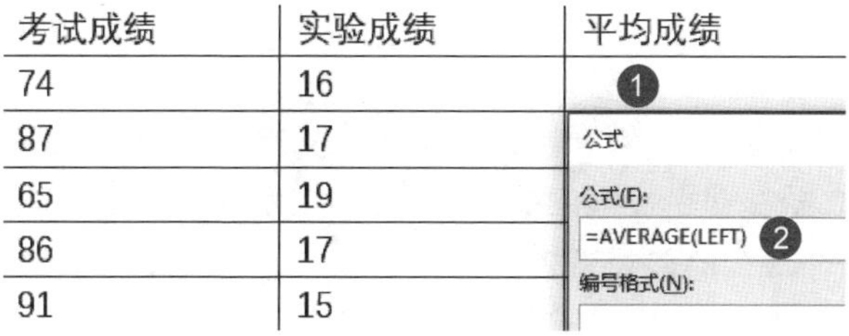

考试成绩	实验成绩	平均成绩
74	16	❶
87	17	
65	19	
86	17	
91	15	

图 3-50　求平均值

003.输入公式考点

题目要求：在表格中使用公式计算商务 1 班金牌和银牌的合计。

【输入公式操作步骤】

光标定位在对应单元格→【表格工具/布局】选项卡点击“公式”→公式处输入“＝b2＋c2”→点击【确定】即可，如图 3-51 所示。

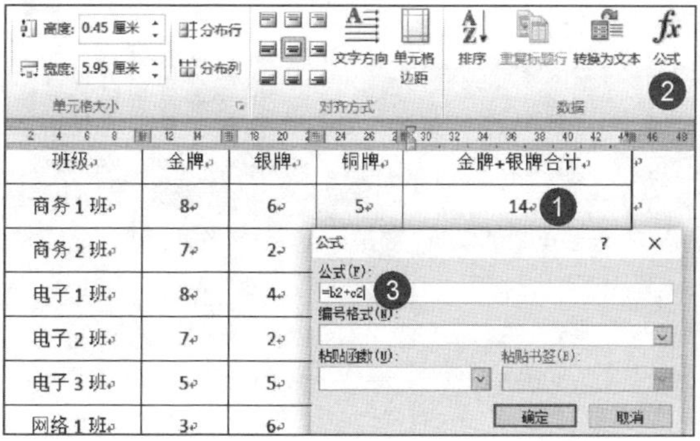

班级	金牌	银牌	铜牌	金牌+银牌合计
商务 1 班	8	6	5	14 ❶
商务 2 班	7	2		
电子 1 班	8	4		
电子 2 班	7	2		
电子 3 班	5	5		
网络 1 班	3	6		

图 3-51　输入公式

特别提醒：公式中的 b2 和 c2 是指商务 1 班金牌和银牌对应数值所在的单元格。

3.6.9　边框和底纹

在计算机一级考试中，设置表格边框是一个相对复杂的点，在做题时各位考生首先需要分析清楚题目要求，做这类型的题目时要学会拆题。

001.底纹

题目要求：将表1第一行（“公共服务平台，正版软件平台，决策支持平台，大数据基础平台”）的底纹设置为“图案10%”、第二行[“公共数据库（数据仓库）”]的底纹设置为“橙色、个性色6、淡色80%”。

【设置底纹操作步骤】

选中表格第一行→【表格工具/设计】选项卡【边框】组点击“边框”→展开的下拉表中选择“边框和底纹”→点击【底纹】→样式处选择“10%”→点击确定→选中表格第二行→【表格样式】组点击底纹→颜色选择“橙色、个性色6、淡色80%”，如图3-52所示。

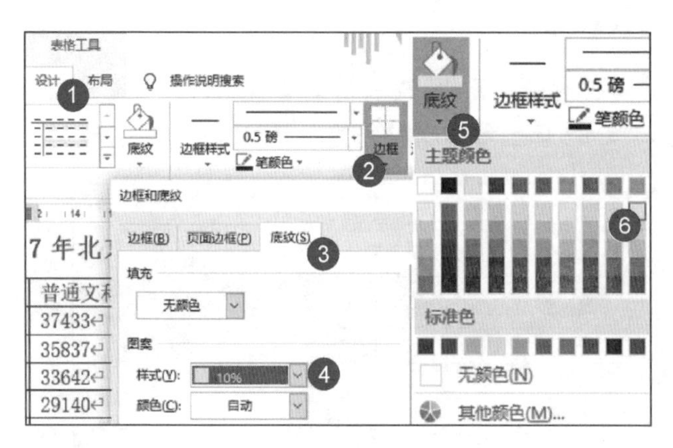

图 3-52　设置底纹

002.边框

表格边框可以通过自定义来添加，也可以使用边框刷绘制。

题目要求：设置表格外框线和第一、二行间的内框线为红色（标准色）0.75磅双窄线、其余内框线为红色（标准色）0.5磅单实线。

【添加内外边框线操作步骤】

选中表格→【表格工具/设计】选项卡【边框】组点击“边框和底纹”

→选择“自定义”→选择“样式”“颜色”“宽度”→分别在右边预览窗格中设置对应内外框线→点击确定，如图 3-53 所示。

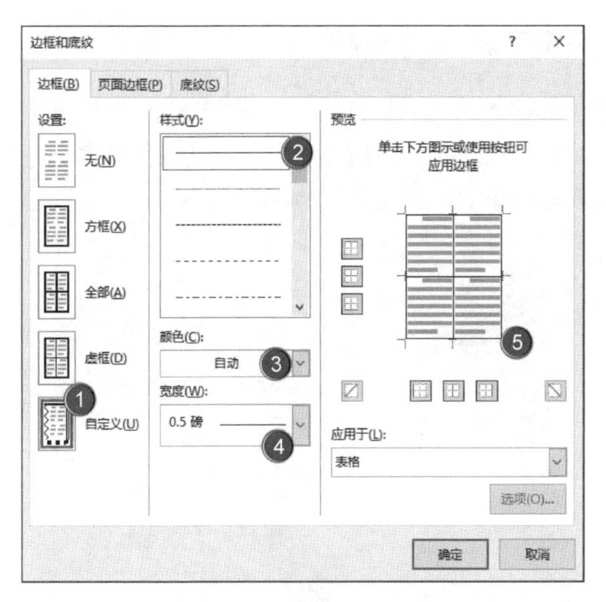

图 3-53　添加内外边框线

【边框】组选择对应的“线型”“宽度”“笔颜色”→用画笔在第一二行间绘制→绘制完成按“ESC”键退出绘制状态，如图 3-54 所示。

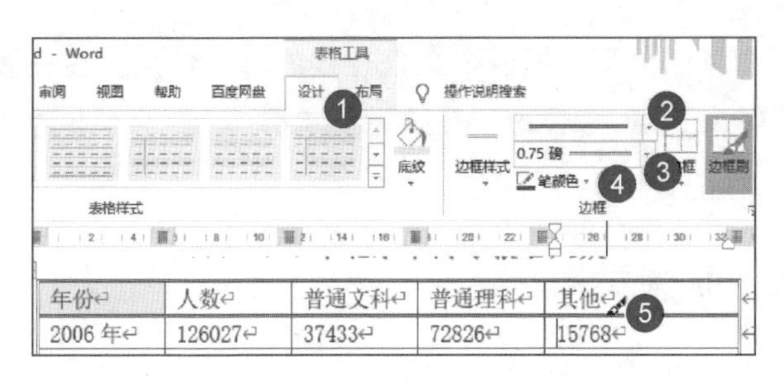

图 3-54　添加内外边框线

3.7 首字下沉考点　　难度系数★☆☆☆☆

首字下沉在一级考试中是常考的点，但是其难度并不高，各位考生切记不能在此处丢分。

主要考核:下沉行数、距正文间距。

【设置首字下沉操作步骤】

光标定位在需要下沉的段落处→【插入】选项卡【文本】组点击“首字下沉”→展开的下拉表中点击【首字下沉选项】→位置处选择【下沉】→设置下沉行数→设置距正文的距离,如图 3-55 所示。

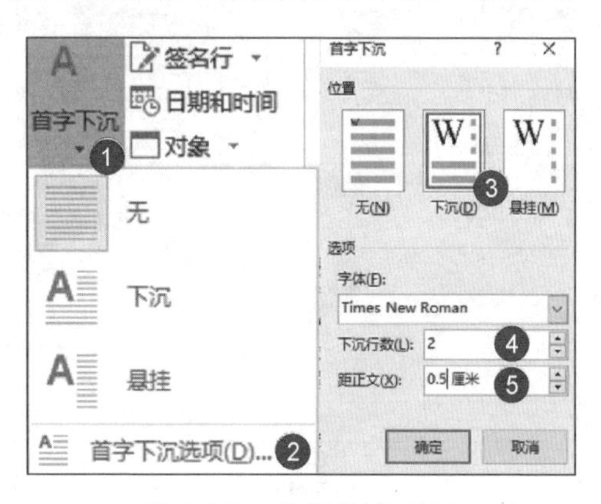

图 3-55 设置首字下沉

3.8 页眉页脚考点 难度系数★★☆☆☆

页眉页脚可以为页面提供丰富且有效的导航信息。在一级考试中页眉页脚是常考的点,各位考生需要重点掌握。

3.8.1 页眉页脚考点

001.插入页眉

在一级考试中,页眉常考的是插入 office 自带的内置页眉。

【插入页眉操作步骤】

【插入】选项卡【页眉和页脚】组点击【页眉】→展开的下拉表中选择合适的页眉样式即可,如图 3-56 所示。

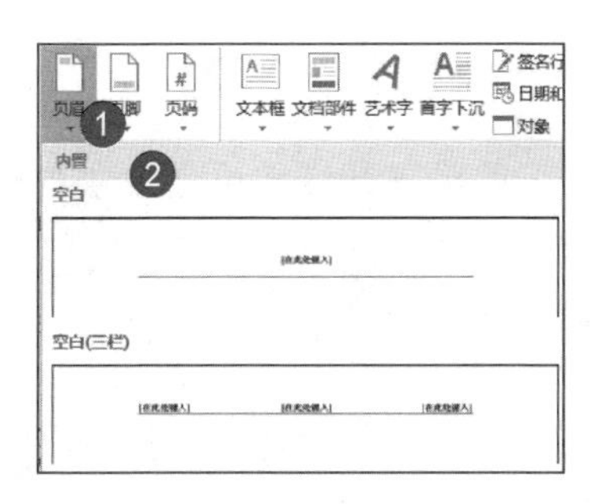

图 3-56 插入页眉

002.添加页眉内容

添加页眉内容分为两种：

1.直接在页眉处输入对应的内容；

2.在页眉处添加对应的文档属性。

题目要求：为文档添加“母版型”样式页眉，并在标题处输入“研究报告”。

【添加页眉内容操作步骤】

【插入】选项卡【页眉和页脚】组点击“页眉”→展开的下拉表中选择【母版型】页眉→标题处输入“研究报告”，如图 3-57 所示。

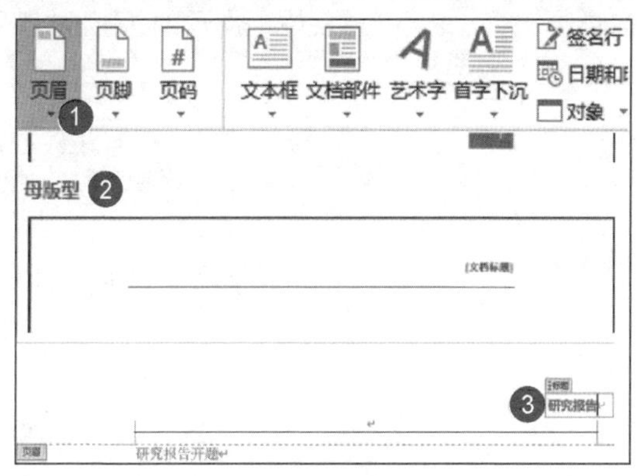

图 3-57　添加页眉

【页眉处插入文档属性操作步骤】

插入对应格式的页眉后→光标定位在对应的位置→【页眉和页脚工具/设计】选项卡【插入】组点击“文档部件”→展开的下拉表中选择“文档属性”→选择对应的属性，如图 3-58 所示。

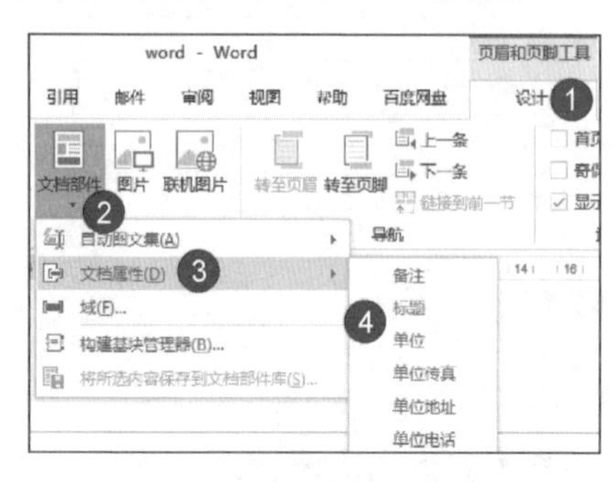

图 3-58　页眉处插入文档属性

003.删除页眉横线

题目要求：清除默认的页眉线。

【删除页眉线操作步骤】

打开页眉页脚编辑状态→选中页眉上的段落标记→【开始】选项卡【段落】组点击“边框”旁边的下拉箭头→展开的下拉列表中选择“无框线”，如图 3-59 所示。

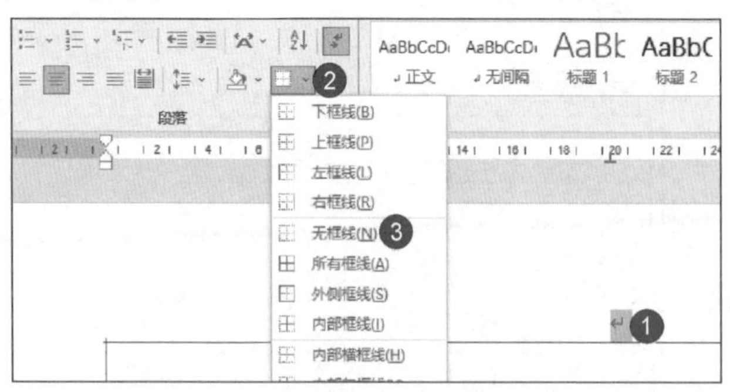

图 3-59　删除页眉横线

004.奇偶页不同

在书籍编排过程中，由于装订问题，在给文档设置页眉页脚时，通常奇数页和偶数页的对齐方式以及文字内容是不同的。

特别提醒：勾选奇偶页不同后，偶数页内容会自动消失，在偶数页重新插入对应的内容即可，如图 3-60 所示。

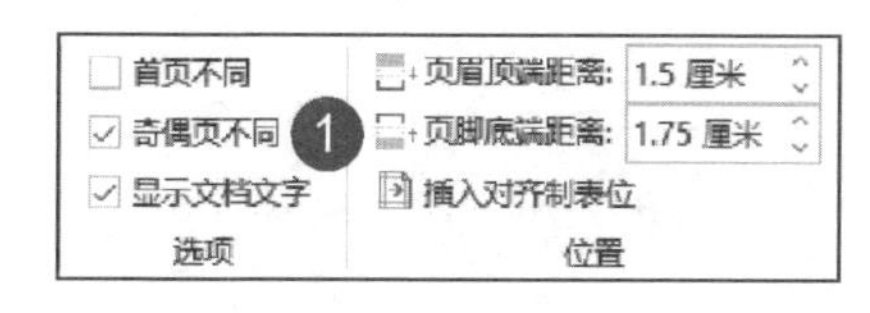

图 3-60　奇偶页不同

005.页眉页脚距顶端/底端的距离

页眉页脚距页面顶端/底端的距离大小是可以进行调整的，如图 3-61 所示。

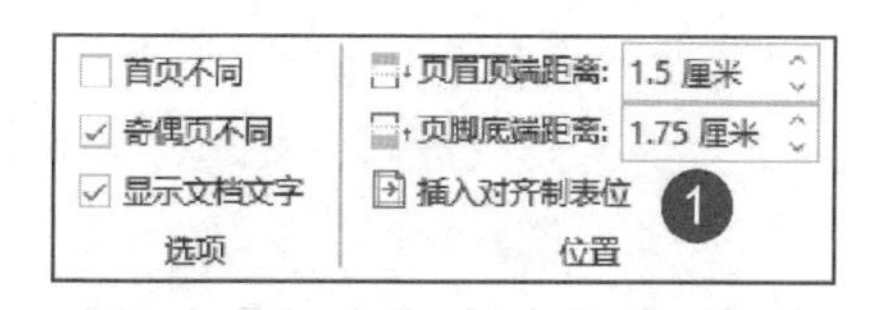

图 3-61　页眉页脚距顶端/底端的距离

006.插入页码

【插入页码操作步骤】

【插入】选项卡【页眉和页脚】组点击“页码”→展开的下拉表中选择“页面底端”→选择合适的页码即可，如图 3-62 所示。

图 3-62　插入页码

007.设置页码格式

题目要求：在页面底端插入“普通数字 1”样式页码，设置页码编号格式为“－1－、－2－、－3－、…”，起始页码为“－3－”。

【设置页码格式操作步骤】

选择“普通数字 1”页码→【页眉和页脚工具/设计】选项卡【页眉和页脚】组点击“页码”→展开的下拉表中选择“设置页码格式”→编号格式处选择“－1－、－2－、－3－、…”格式→起始页码处设置为“－3－”，如图 3-63 所示。

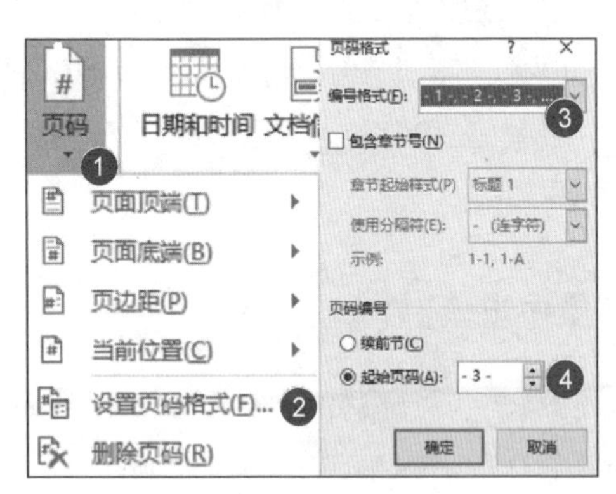

图 3-63　设置页码格式

特别提醒：设置起始页码不需要输入和编号格式一样的页码，直接输入对应的阿拉伯数字即可。

3.9 图片考点　　难度系数★★☆☆☆

3.9.1 常规考点

插入图片、设置图片环绕方式、设置图片对齐方式。

题目要求：插入考生文件夹下的图片“图 3.2”，设置图片环绕文字为“上下型”，图片居中。

【设置图片环绕方式操作步骤】

【插入】选项卡【插图】组点击“图片”→展开的下拉列表中选择“此设备”→找到考生文件夹下对应的图片→选中图片→【图片工具/格式】选项卡【排列】组点击“环绕文字”→展开的下拉表中选择“上下型环绕”→【对齐】处选择“水平居中”，如图 3-64 所示。

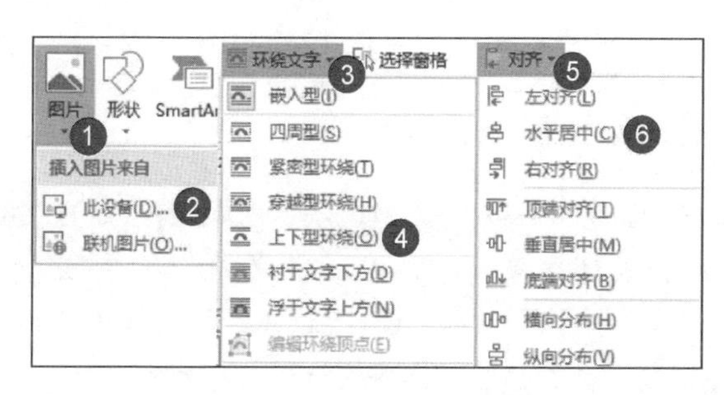

图 3-64　设置图片环绕方式

3.9.2 设置图片缩放

题目要求：设置图片大小缩放：高度 80%，宽度 80%。

【设置图片缩放操作步骤】

选中图片→【图片工具/格式】选项卡点击【大小】组右下角的箭头→弹出的对话框中【缩放】处设置其高度为“80%”→宽度为“80%”，如图 3-65 所示。

图 3-65　设置图片缩放

特别提醒：勾选了“锁定纵横比”，高度设置为 80％后宽度会自动变为 80％。

3.9.3 设置图片颜色

题目要求：设置图片颜色的色调为 4700K。

【设置图片颜色操作步骤】

选中图片→【图片工具/格式】选项卡【调整】组点击“颜色”→展开的下拉列表中色调处选择“色温：4700K”，如图 3-66 所示。

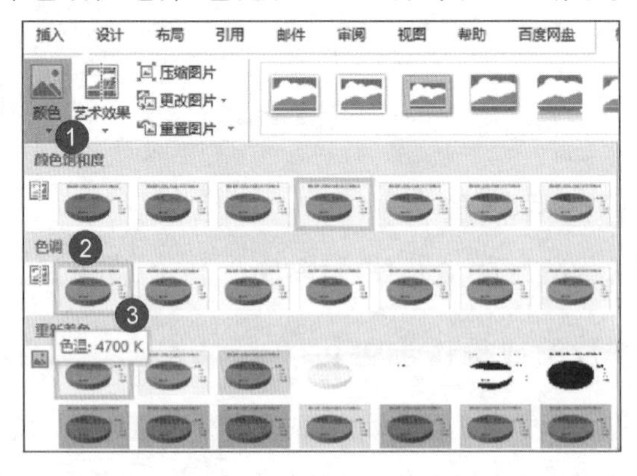

图 3-66　设置图片颜色

3.9.4　设置图片艺术效果

题目要求：设置图片的艺术效果为“纹理化”，缩放比例为 50。

【设置图片艺术效果操作步骤】

选中图片→【图片工具/格式】选项卡【调整】组点击“艺术效果”→展开的下拉列表中选择“纹理化”→点击“艺术效果选项”→缩放处设置为“50”，如图 3-67 所示。

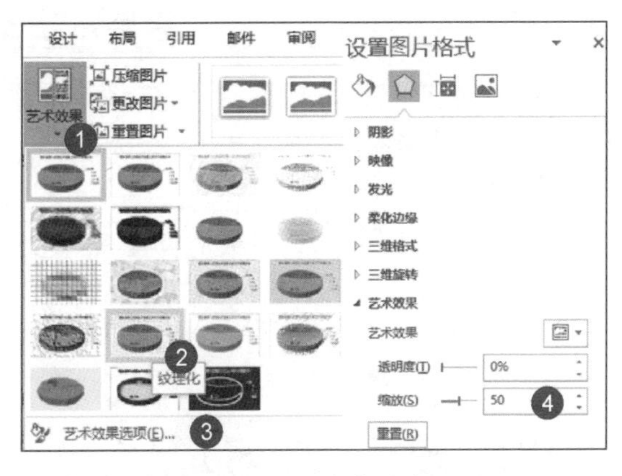

图 3-67　设置图片艺术效果

3.10 超链接考点　　难度系数★☆☆☆☆

超链接可以指向网址、图片、文档标题等创建连接。在一级考试中此考点比较简单。

题目要求：为表题（“部分水果每 100 克食品中可食部分营养成分含量一览表”）添加超链接“http://www.baidu.com.cn”。

【添加超链接操作步骤】

选中表题内容→【插入】选项卡【链接】组点击【链接】→地址处输入网址 http://www.baidu.com.cn，如图 3-68 所示。

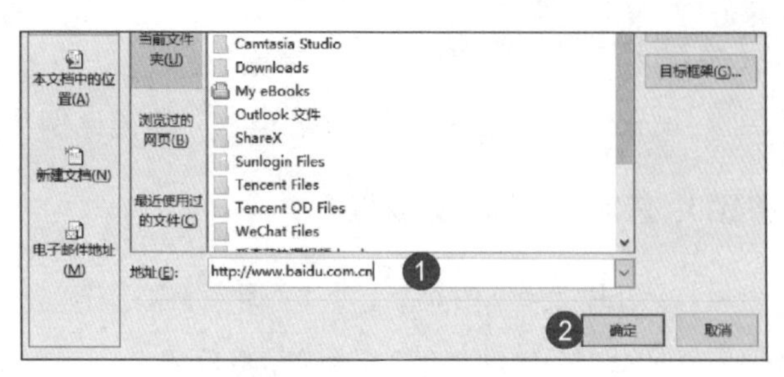

图 3-68　添加超链接

3.11 页面设置考点　　难度系数★★☆☆☆

将文章编辑好需要打印输出时,就需要对文章的页面进行合理的调整,以达到更好的输出效果。

3.11.1　常规考点

设置页面的上、下、左、右边距,装订线的位置,纸张方向,如图 3-69 所示。

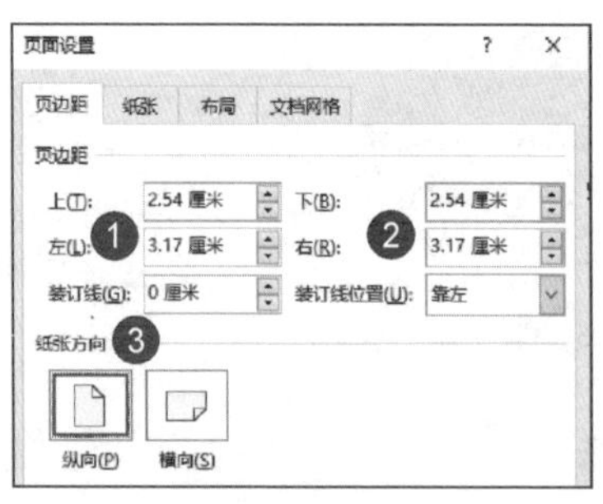

图 3-69　页面设置常规考点

3.11.2　纸张大小

调整纸张大小主要有两种方法:指定纸张大小、自定义纸张大小,如图 3-70 所示。

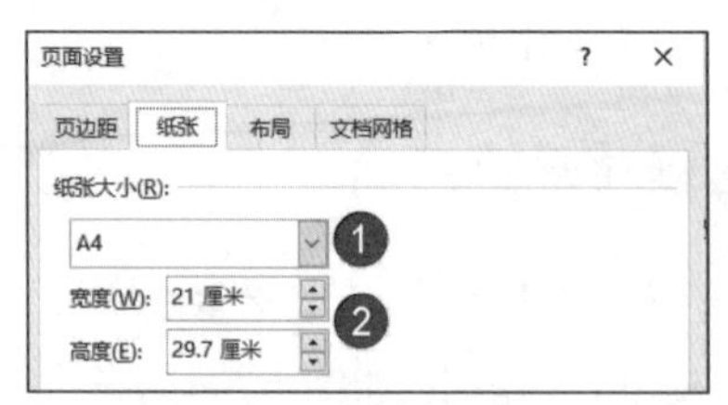

图 3-70　调整纸张大小

特别提醒：

1.在分节后调整页边距和页面纸张大小注意需要将应用于改为“整篇文档”，如图 3-71 所示；

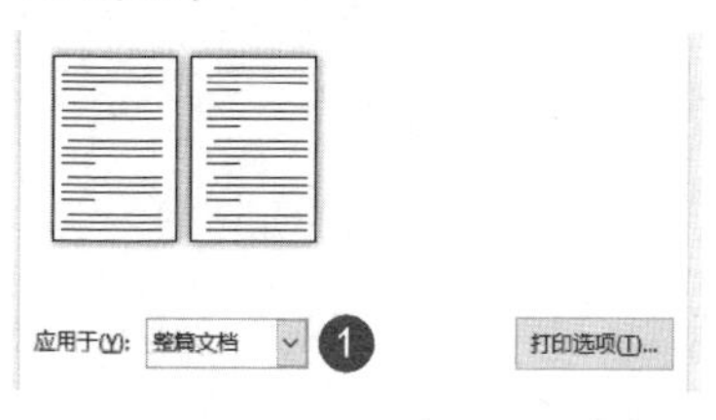

图 3-71　调整纸张大小

2.若没有 B5 纸张大小，可切换打印机。

3.11.3　页面垂直对齐方式

题目要求：设置页面垂直对齐方式为“底端对齐”。

【设置页面垂直对齐方式操作步骤】

点击【布局】选项卡【页面设置】右下角箭头→【布局】处垂直对齐方式选择“底端对齐”，如图 3-72 所示。

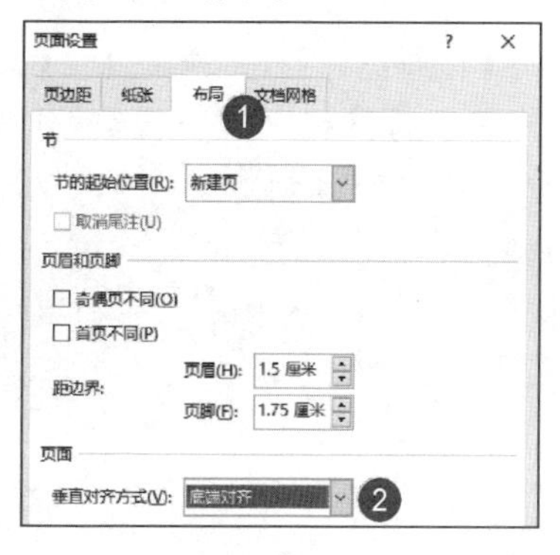

图 3-72　设置页面垂直对齐方式

3.11.4　页眉页脚距边界考点

题目要求：设置页眉页脚各距边界 2 厘米。

【页眉页脚距边界操作步骤】

点击【布局】选项卡【页面设置】右下角箭头→【布局】选项卡下“距

边界”处分别调整“页眉”为“2 厘米”,“页脚”为“2 厘米”,如图 3-73 所示。

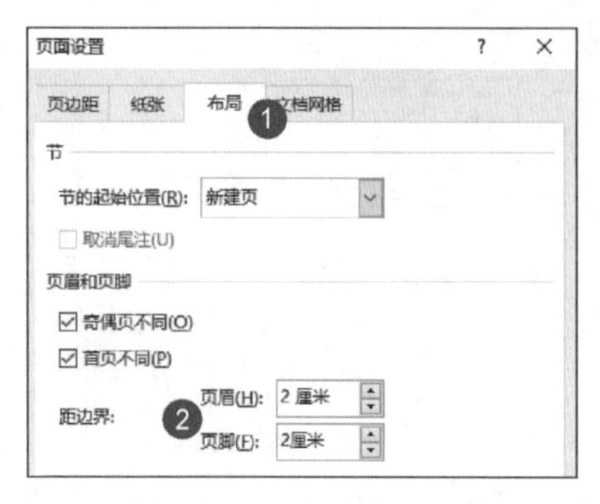

图 3-73　页眉页脚距边界

3.11.5　设置指定文档网格

题目要求:设置文档每页 38 行,每行 36 个文字。

【设置指定文档网格操作步骤】

点击【布局】选项卡【页面设置】右下角箭头→【文档网格】选项卡下“网格”处选择“指定行和字符网格”→“字符数”处每行设置为“36”→“行”处每页设置为“38”,如图 3-74 所示。

图 3-74　设置指定文档网格

3.11.6　调整文字排列方向

题目要求：调整文章中文字方向为“水平”。

【调整文字排列方向操作步骤】

点击【布局】选项卡【页面设置】右下角箭头→【文档网格】选项卡下“文字排列”方向选择“水平”，如图 3-75 所示。

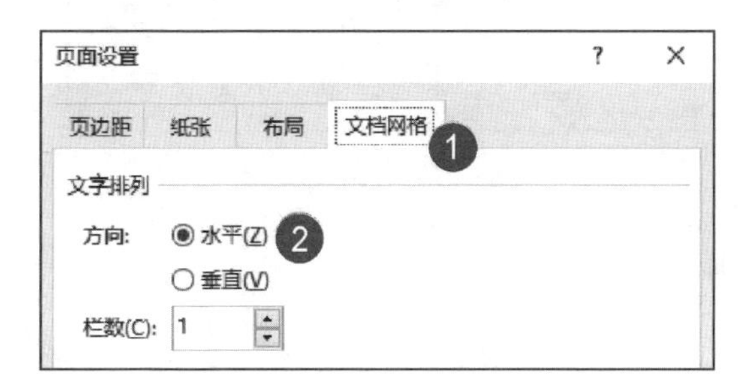

图 3-75　调整文字排列方向

3.11.7　分栏

主要考核：栏数、栏间距、栏宽、分隔线。

001.等宽分栏

题目要求：将正文第三段（“这座桥不但……真像活的一样。”）分为等宽的两栏、栏间距为 1.5 字符，栏间加分隔线。

【等宽分栏操作步骤】

选中正文第三段文本→【布局】选项卡【页面设置】组点击“栏”→选择“更多栏”→预设处设置为“两栏”→间距处改为“1.5 字符”→勾选“分隔线”，如图 3-76 所示。

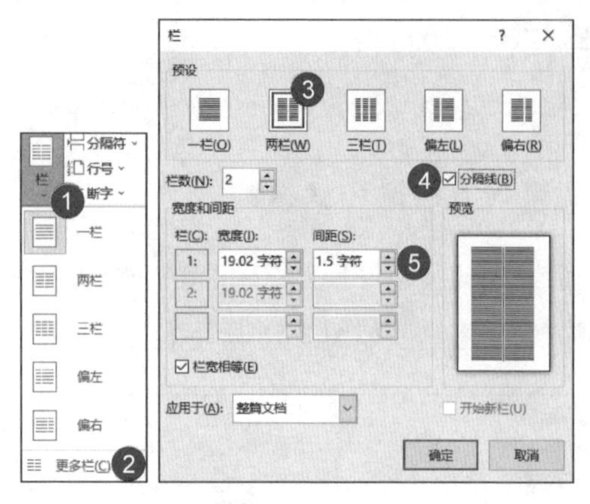

图 3-76　等宽分栏

002.不等宽分栏

题目要求：将正文第二段至第三段（“智慧数据平台是，……人力资源管理系统等。”）分为两栏，第 1 栏栏宽为 12 字符、第 2 栏栏宽为 26 字符，栏间加分隔线。

【设置不等宽分栏操作步骤】

选中文本→点击“更多栏”→预设处设置为“两栏”→勾选“分隔线”→取消“栏宽相等”勾选→栏 1 宽度处设置为“12 字符”→栏 2 处宽度设置为“26 字符”，如图 3-77 所示。

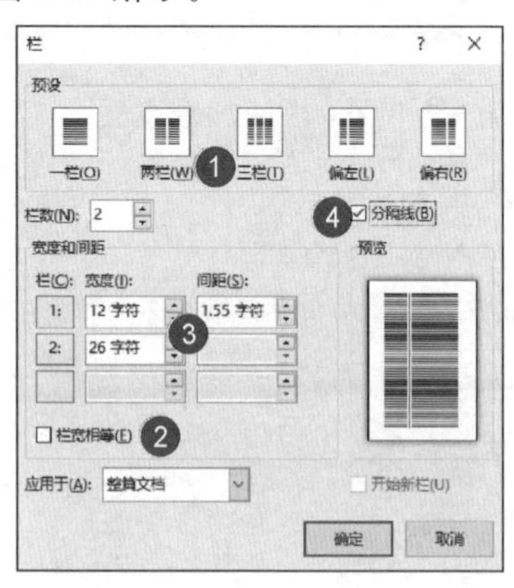

图 3-77　设置不等宽分栏

特别提醒：分栏时，不要选择最后一个段落标记，若选中了可按“shift＋ ←”取消。

3.12 页面背景考点　　　　难度系数★☆☆☆☆

3.12.1　水印考点

在 Word 文档中水印可以是文字，也可以是图片。

001.文字水印考点

题目要求：为文档添加文字水印，水印内容为“伟大祖国”，水印颜色为红色(标准色)。

【添加水印操作步骤】

【设计】选项卡【页面背景】组点击“水印”→展开的下拉表中选择“自定义水印”→选择“文字水印”→文字处输入“伟大祖国”→颜色处选择“红色(标准色)”，如图 3-78 所示。

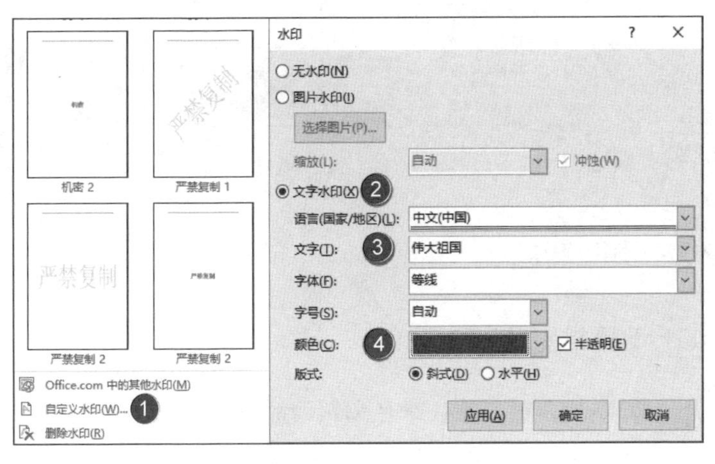

图 3-78　文字水印

002.图片水印考点

题目要求:用考生文件夹下的“赵州桥.jpg”图片为页面设置图片水印。

【图片水印操作步骤】

【设计】选项卡【页面背景】组点击“水印”→展开的下拉表中选择“自定义水印”→选择“图片水印”→点击“选择图片”→弹出的对话框中点击“浏览从文件”→考生文件夹下找到对应图片导入→点击【确定】,如图 3-79 所示。

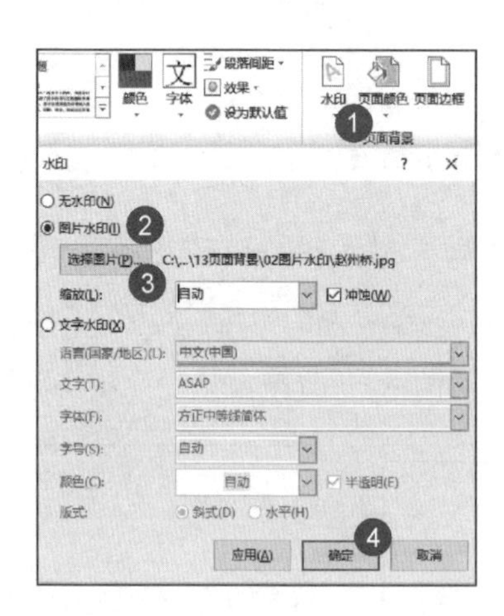

图 3-79　图片水印

3.12.2　页面颜色

001.设置指定的页面颜色

题目要求:为页面设置浅绿色的页面颜色。

【设置指定页面颜色操作步骤】

【设计】选项卡【页面背景】组点击“页面颜色”→展开的下拉表中标

准色处选择“浅绿色”,如图 3-80 所示。

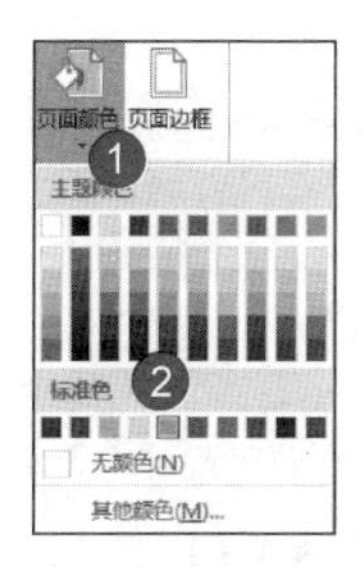

图 3-80　设置指定页面颜色

002.设置填充效果页面颜色

页面颜色不仅可以设置指定的颜色,还可以使用填充效果和图片。

题目要求:将页面颜色的填充效果设置为“纹理/新闻纸”。

【设置填充效果页面颜色操作步骤】

【设计】选项卡【页面背景】组点击“页面颜色”→展开的下拉表中选择“填充效果”→选择“纹理”→找到“新闻纸”纹理,如图 3-81 所示。

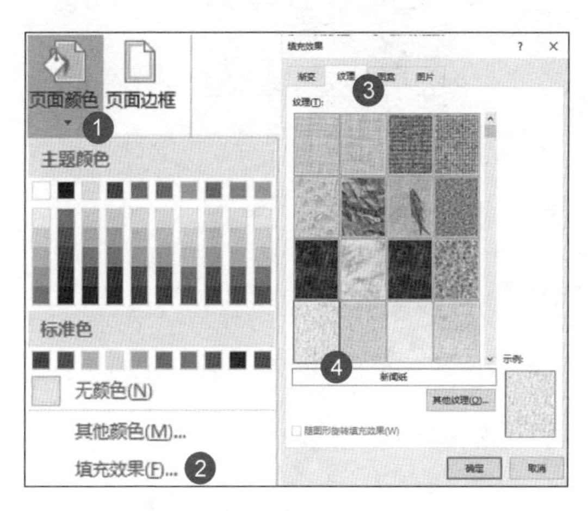

图 3-81　设置填充效果页面颜色

003.设置渐变页面颜色

题目要求：设置页面颜色的填充效果为“颜色/预设/金色年华”、“底纹样式/斜下”。

【设置渐变页面颜色操作步骤】

【设计】选项卡【页面背景】组点击“页面颜色”→展开的下拉列表中选择“填充颜色”→【渐变】选项卡【颜色】处选择“预设”→【预设颜色】处选择“金色年华”→【底纹样式】处选择“斜下”，如图 3-82 所示。

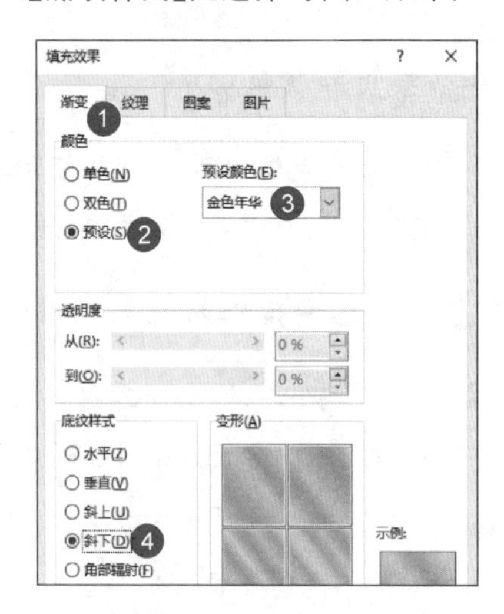

图 3-82　设置渐变页面颜色

3.12.3　页面边框

001.添加阴影型页面边框考点

题目要求：为页面添加蓝色(标准色)阴影边框。

【添加页面边框操作步骤】

【设计】选项卡【页面背景】组点击“页面边框”→选择“阴影”→颜色处选择“蓝色”，如图 3-83 所示。

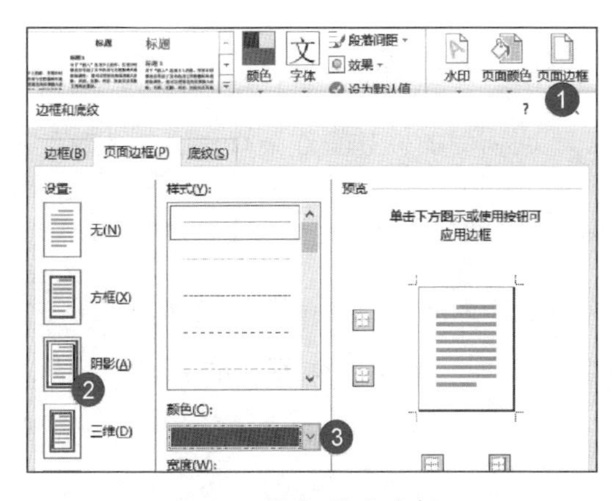

3-83　添加页面边框

002.添加方框类型边框

题目要求：为页面添加“方框”型 0.75 磅、红色(标准色)、双窄线边框。

【页面添加方框类型边框操作步骤】

【设计】选项卡【页面背景】组点击“页面边框”按钮→选择“方框”→样式选择“双窄线”→颜色设置为“红色”→宽度选择“0.75 磅”，如图 3-84 所示。

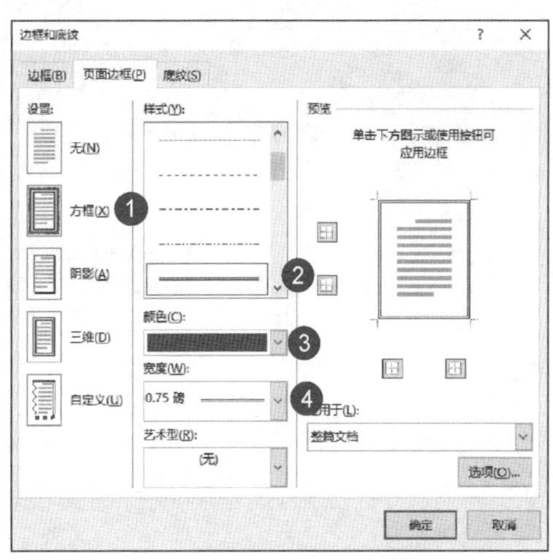

图 3-84　页面添加方框类型边框

003.添加艺术型页面边框

题目要求：为页面添加 30 磅宽红果样式的艺术型边框。

【添加艺术型页面边框操作步骤】

【设计】选项卡【页面背景】组点击“页面边框”→“艺术型”处选择“红果”→“宽度”处设置为“30 磅”，如图 3-85 所示。

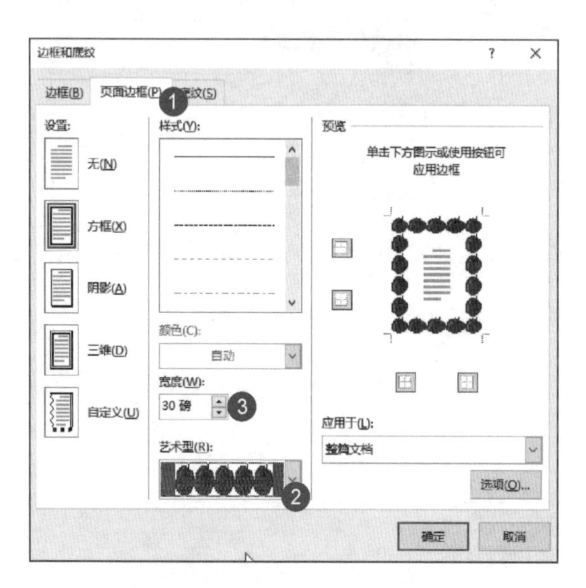

图 3-85　设置艺术型页面边框

3.13 脚注尾注考点　　难度系数★★☆☆☆

3.13.1　插入脚注

题目要求：为标题段（“2012 年部分国家 GDP 和人均 GNI 一览表”）添加脚注，脚注内容为“数据来源：世界银行相关报告”。

【插入脚注操作步骤】

选中标题段内容→【引用】选项卡【脚注】组点击“插入脚注”→光标会自动定位到页面底端→输入“数据来源：世界银行相关报告”，如图3-86所示。

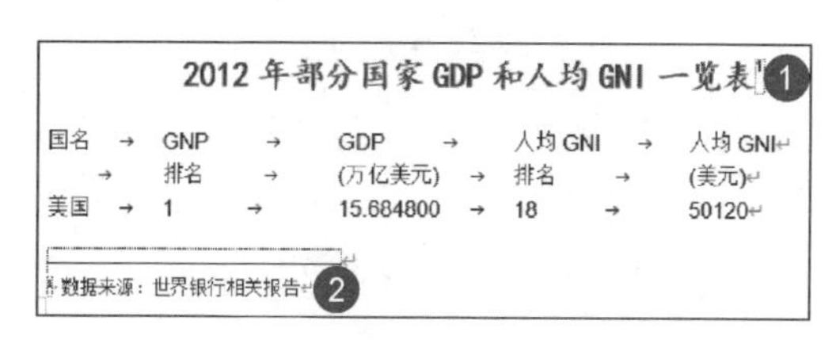

图3-86　插入脚注

3.13.2　插入尾注并设置尾注编号格式

题目要求：为小标题“(1)义乌实体市场发展势头趋缓”加尾注“王祖强等.发展跨境电子商务促进贸易便利化[J].电子商务，2013(9).”，尾注编号格式为“①②…”。

【设置尾注编号格式操作步骤】

选中小标题→【引用】选项卡【脚注】组点击“插入尾注”→光标会自动定位在页面底端→输入“王祖强等.发展跨境电子商务促进贸易便利化[J].电子商务，2013(9).”，如图3-87所示。

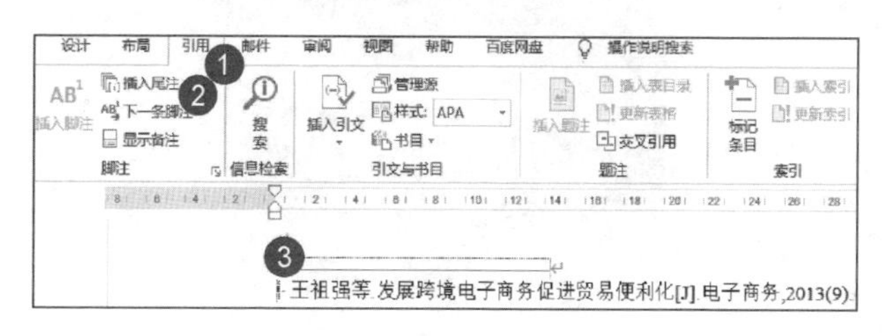

图3-87　设置尾注编号格式

点击【尾注】组右下角的箭头→编号格式处选择“①②③…”→点击“应用”，如图3-88所示。

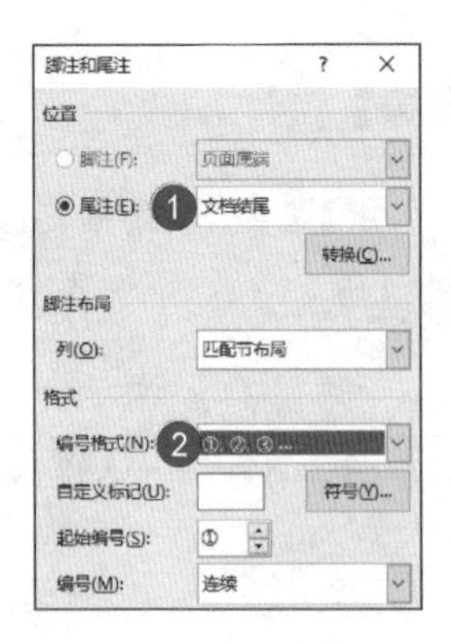

图 3-88　设置尾注编号格式

3.14 文档属性考点　　难度系数★★☆☆☆

在文档属性中可以添加文档的主题、作者、关键词等信息。

题目要求：在文件菜单下编辑修改该文档的高级属性：作者“NCRE”，单位“NEEA”，文档主题“Office 字处理应用”。

【设置文档属性操作步骤】

【文件】选项卡【信息】处【属性】选择“高级属性”→【摘要】中设置【作者】为“NCRE”→【单位】为“NEEA”→【主题】为“Office 字处理应用”→点击【确定】，如图 3-89 所示。

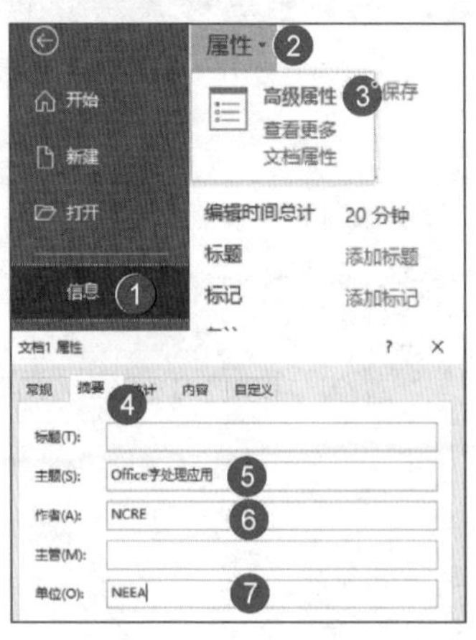

图 3-89　设置文档属性

3.15 简繁转换考点　　　　难度系数★☆☆☆☆

基本考点：中文繁转简，简转繁。

题目要求：对文中所有内容进行繁简转换。

【简繁转换操作步骤】

【审阅】选项卡【中文简繁转换】组点击“繁转简”，如图 3-90 所示。

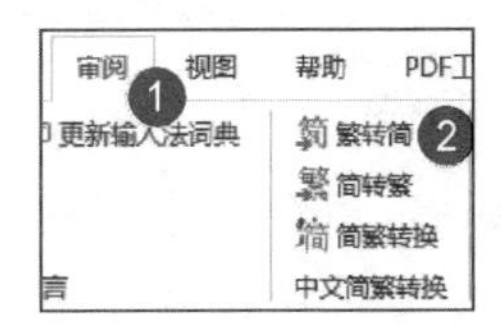

图 3-90　简繁转换

第4章　Excel电子表格篇

4.1Excel 基础操作考点　　难度系数★★★☆☆

4.1.1　工作表的基本操作

新建工作表、删除工作表、重命名工作表、移动或复制工作表、设置工作表标签颜色，此类操作都可以通过在工作表标签处单击右键完成，如图4-1所示。

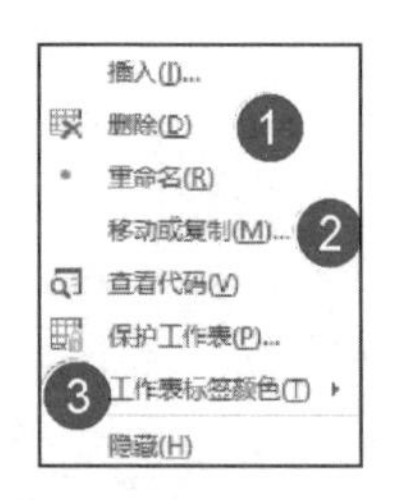

图4-1　工作表的基本操作

【复制工作表操作步骤】

鼠标左键选中需要复制的工作表→按住Ctrl键的同时拖动鼠标指针到指定位置→释放鼠标→即可在指定位置得到一个相同的工作表，如图4-2所示。

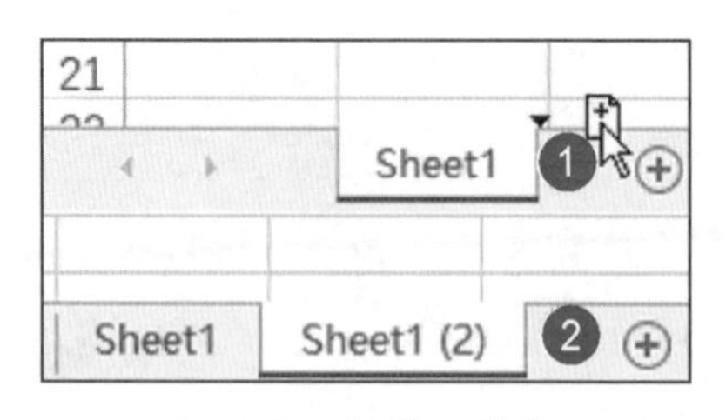

图4-2　复制工作表

4.1.2　行高列宽

001.插入行列

【插入行列,删除行列操作步骤】

光标定位在要插入行列的位置,或者选中需要删除的行列→单击鼠标右键→选择插入或删除,如图 4-3 所示。

图 4-3　插入行列,删除行列

002.自动调整行高列宽

【自动调整行高列宽操作步骤】

选中所有要调整的行或列→光标定位在行或列中间→鼠标变为双向箭头时双击。

特别提醒:如果单元格出现#####,说明列宽不够,将列宽调大即可。

003.精确调整行高列宽

【精确调整行高列宽操作步骤】

选择需要调整的行或列→【开始】选项卡【单元格】组点击“格式”→选择行高或列宽→输入固定值,如图 4-4 所示。

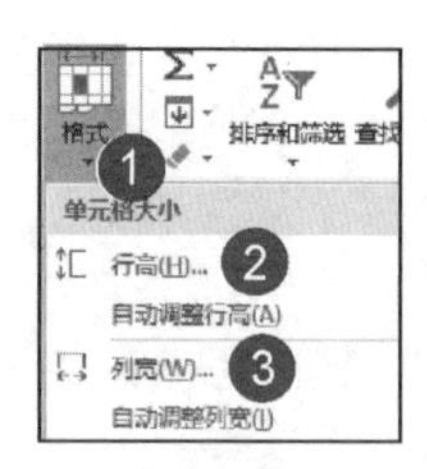

图 4-4　精确调整行高列宽

4.2 单元格设置考点　　难度系数★★☆☆☆

4.2.1　字体基础考点

字体、字号、颜色、边框底纹、合并单元格、文字对齐。

题目要求：将“十二月份工资表”工作表中 A1:L1 单元格合并为一个单元格，文字居中对齐，文字设置为楷体、字号为 16、加粗；将工作表中的其他文字(A2:L40)设置居中对齐；为表格添加内边框线和外边框线；设置 A2:L2 区域的单元格底纹填充为黄色(标准色)。

【单元格基本设置操作步骤】

选中 A1:L1 单元格区域→点击“合并后居中”→字体设置为“楷体”字号为“16”→点击“B”加粗→选中 A2:L40 单元格区域→设置对齐方式→设置所有框线→选中 A2:L2 单元格区域→设置底纹，如图 4-5、图 4-6 所示。

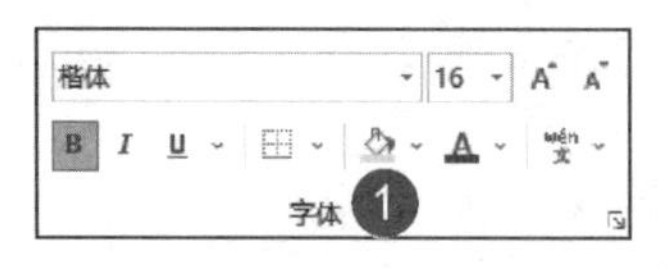

图 4-5　设置字体

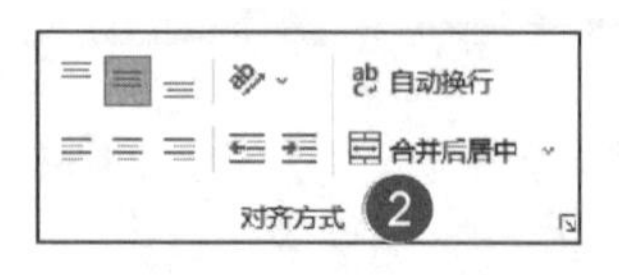

图 4-6　设置对齐方式

4.2.2　单元格格式的设置

单元格格式设置的常规考点，主要包括以下 8 种：常规、数值、货币、会计专用、百分比、分数、科学记数、特殊。

题目要求：设置单元格格式为数值型，保留小数位后 0 位。

【设置单元格格式为数值操作步骤】

选中需要设置的数据区域→点击鼠标右键→展开的对话框中选择“设置单元格格式”→【数字】下选择“数值”→小数位数为 0 位，如图 4-7 所示。

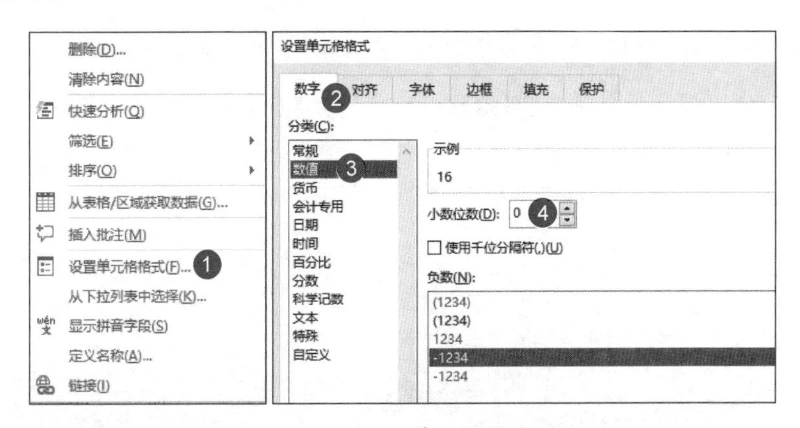

图 4-7　设置单元格格式

设置单元格格式为百分比、货币等与数值同理，只需将分类选择“百分比”或者“货币”即可。

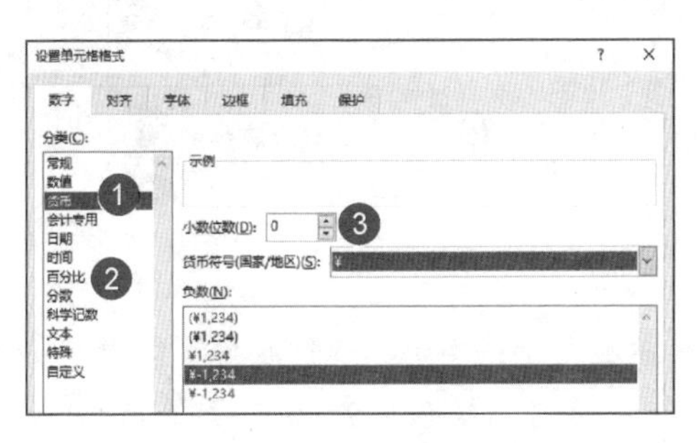

图 4-8　设置单元格格式

4.3 条件格式考点　　难度系数★★★☆☆

条件格式是为符合特定条件的单元格加上格式，比如设置特定的字体颜色、填充色等。

4.3.1 突出显示单元格规则

突出显示单元格规则在一级考试中主要考核大于、小于、文本包含、小于等于、大于等于等。

题目要求：利用条件格式将“提示信息”列内容为“缺货”的文本颜色设置为红色。

【为包含特定文本的单元格设置格式操作步骤】

选中提示信息列→【开始】选项卡【样式】组点击“条件格式”→选择“突出显示单元格规则”→展开的下拉列表中选择“文本包含”→左边栏输入“缺货”→点击右边对话框的下拉箭头→展开的下拉列表中选择“红色文本”，如图 4-9 所示。

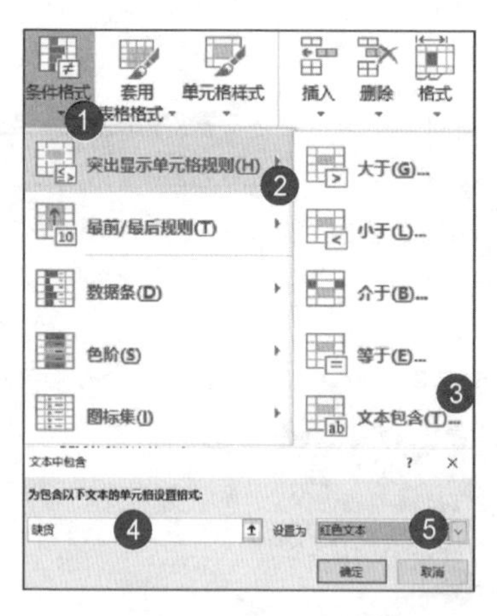

图 4-9　为包含特定文本的单元格设置格式

若要求设置满足大于或等于、小于或等于等条件，点击“突出显示单元格规则”后在展开的下拉表中选择其他规则，选择对应的条件，右边栏中输入对应的比较数值。

题目要求：使用条件格式将“分配回县/考取比率”列内大于或等于 50％的值设置为红色(标准色)、加粗。

【设置其他规则条件格式操作步骤】

选中“分配回县/考取比率”列→【开始】选项卡【样式】组点击“条件格式”→选择“突出显示单元格规则”→展开的下拉列表中选择“其他规则”→编辑规则说明处→选择单元格值→点击“比较值”旁边的下拉箭头选择“大于或等于”→右边对话框中输入数值“50％”，如图 4-10 所示。

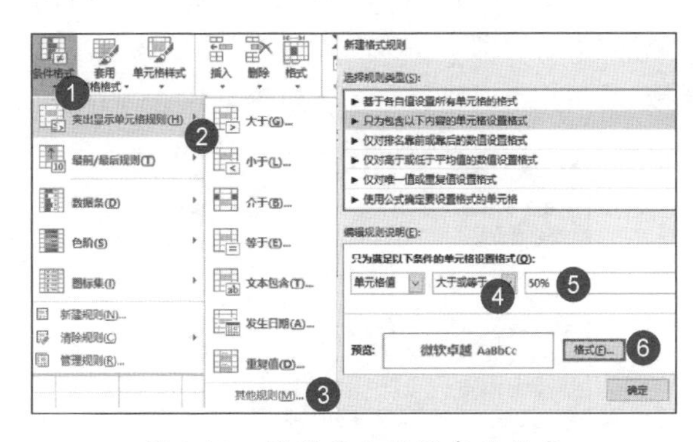

图 4-10　设置其他规则条件格式

点击“格式”→弹出的对话框中“字形”处选择“加粗”→“颜色”处选择“红色(标准色)”，如图 4-11 所示。

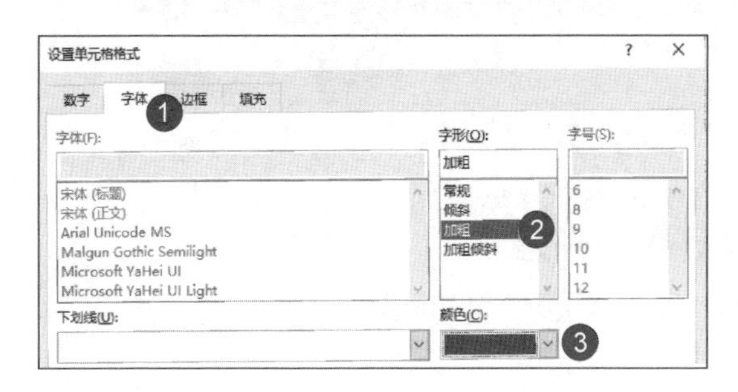

图 4-11　设置其他规则条件格式

特别提醒：利用条件格式的其他规则创建格式时，一定要点击格式，将符合条件的数值设置对应的格式。

4.3.2 最前/最后规则

最前/最后规则在一级考试中主要考核高于平均值、低于平均值等内容。

题目要求：利用条件格式将 E3:E24 单元格区域高于平均值的单元格设置为“绿填充色深绿色文本”。

【为高于平均值的单元格设置格式操作步骤】

选中 E3:E24 数据区域→【开始】选项卡【样式】组点击“条件格式”→选择“最前/最后规则”→展开的下拉列表中选择“高于平均值”→设置为处选择“绿填充色深绿色文本”，如图 4-12 所示。

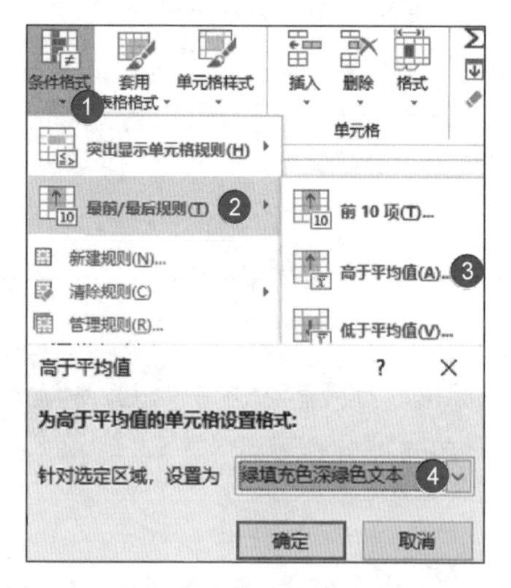

图 4-12 为高于平均值的单元格设置格式

4.3.3 数据条

单元格中数值的大小可以用数据条的长短表示，这样可以使表格的展现形式更加丰富。

题目要求：利用条件格式“数据条”下的“蓝色数据条”实心填充修饰 C3:C6 数据区域。

【添加数据条操作步骤】

选中 C3:C6 数据区域→【开始】选项卡【样式】组点击“条件格式”→选择“数据条”→实心填充处选择“蓝色数据条”,如图 4-13 所示。

图 4-13　添加数据条

4.3.4　色阶

题目要求:利用条件格式对 F4:H7 单元格区域设置“绿－黄－红色阶”。

【添加色阶操作步骤】

选中 F4:H7 数据区域→【开始】选项卡【样式】组点击“条件格式”→选择“色阶”→选择“绿－黄－红色阶”,如图 4-14 所示。

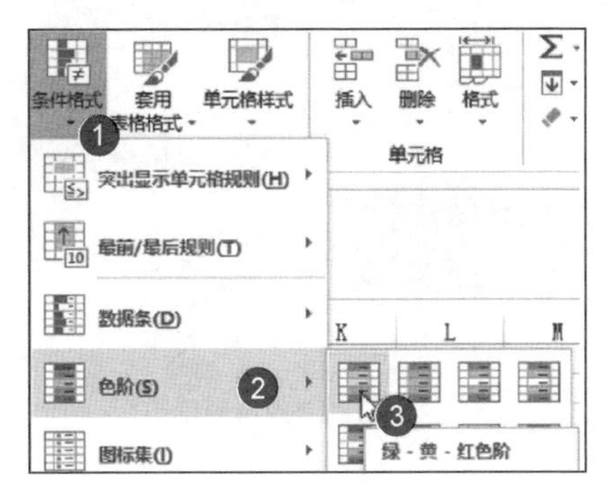

图 4-14 添加色阶

4.3.5 图标集

题目要求：利用条件格式中“3 个三角形”修饰 C3：H5 单元格区域。

【添加图标集操作步骤】

选中 C3：H5 数据区域→【开始】选项卡【样式】组点击“条件格式”→选择“图标集”→选择“3 个三角形”，如图 4-15 所示。

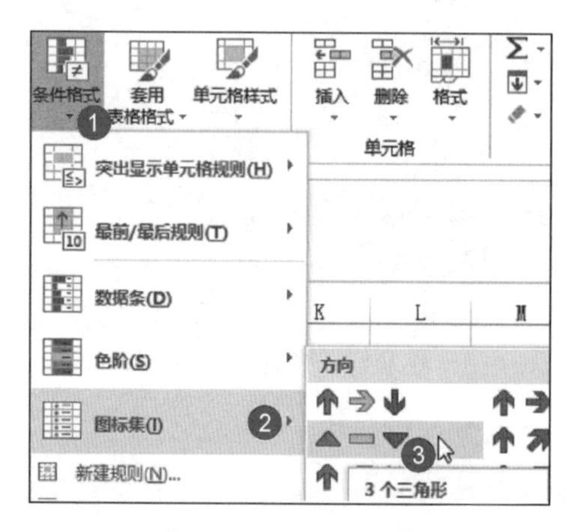

图 4-15　添加图标集

考试中考核到的图标集还有：四等级、三向箭头(彩色)以及自定义不同数值范围对应的图标等。

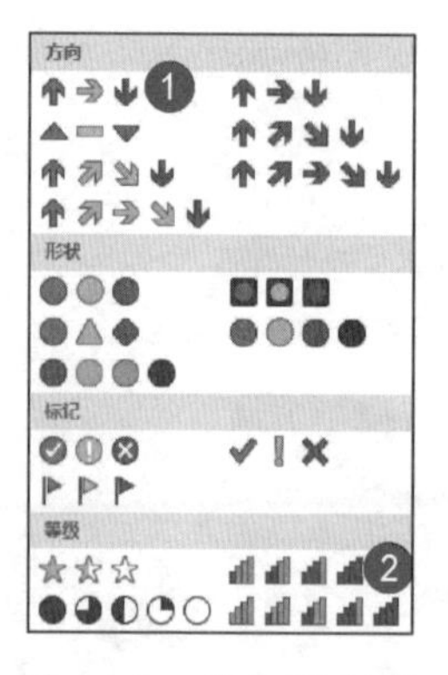

图 4-16　添加图标集

4.4 套用表格格式考点　　难度系数★☆☆☆☆

001.常规考点

套用指定的表格样式。

题目要求:A2:G32 单元格区域套用表格样式为“白色,表样式浅色 8”。

【套用表格格式操作步骤】

选中“A2:G32”数据区域→【开始】选项卡【样式】组点击“套用表格格式”→展开的下拉表中选择“白色,表样式浅色 8”的样式,如图 4-17 所示。

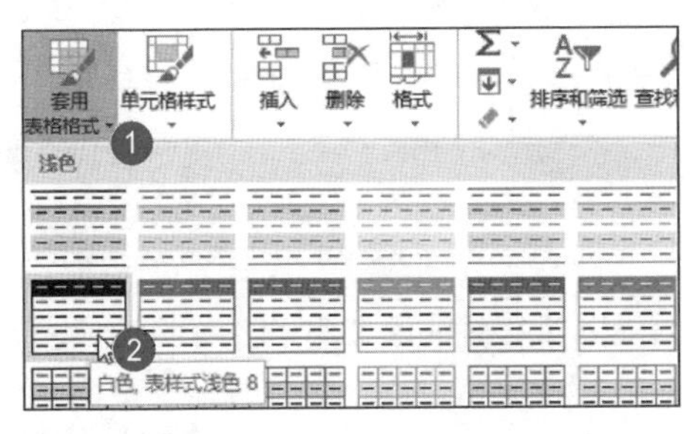

图 4-17　套用表格格式

特别提醒:套用表格样式时不能选择合并单元格的标题行。

002.设置镶边行、镶边列

为了使表格更加的美观,可以为表格添加镶边行或者镶边列,如图 4-18 所示。

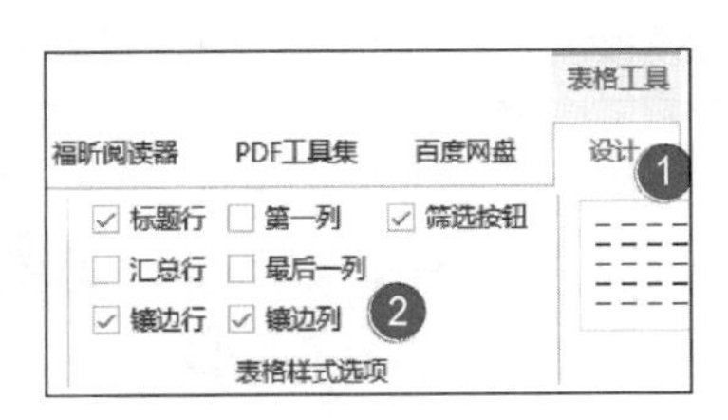

图 4-18　设置表格镶边行、镶边列

4.5 单元格样式考点　　难度系数★☆☆☆☆

为指定的单元格设定预设的样式，快速地统一字体、字号、边框、颜色等。

题目要求：利用单元格样式的“标题 2”修饰表的标题，利用“输出”修饰表的 A2:G14 单元格区域。

【应用单元格样式操作步骤】

选中表格标题→【开始】选项卡【样式】组点击“单元格样式”→选择“标题 2”的样式→选中数据区域 A2:G14→选择“输出”，如图 4-19 所示。

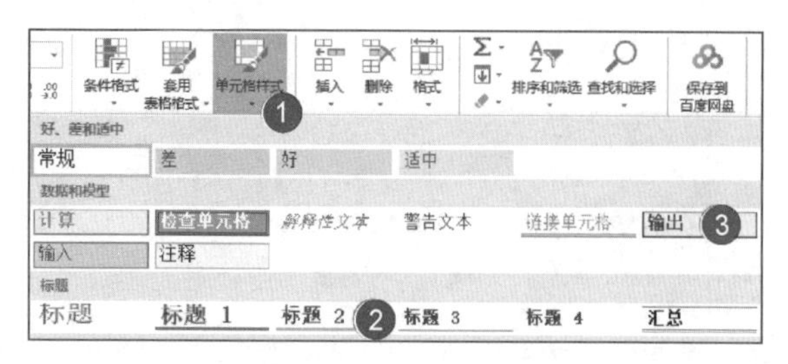

图 4-19　应用单元格样式

4.6 图表考点　　难度系数★★★★☆

Excel 图表考点在计算机一级考试中是考核的重点，需要各位考生重点掌握。

4.6.1　常规考点

柱形图、饼图、带数据标记的折线图、散点图、条形图、组合图等。

设计选项卡：更改图表样式、更改图表布局、更改图表颜色、图表标题、坐标轴标题、图例、模拟运算表、绘图区、图表背景墙，如图 4-20 所示。

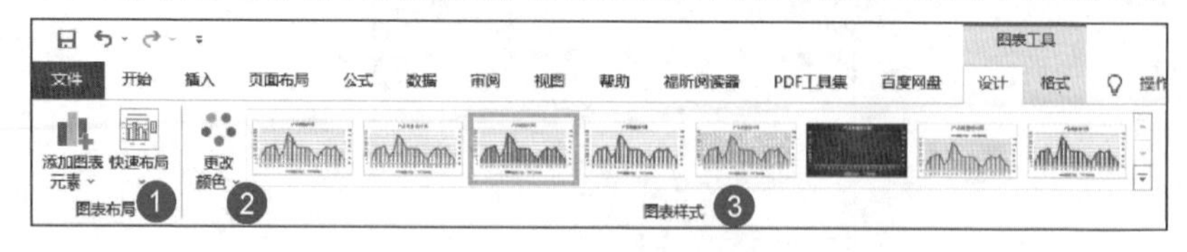

图 4-20　图表常规考点

布局选项卡：设置图表形状填充色、图表大小，如图 4-21 所示。

图 4-21　图表工具格式

4.6.2　创建图表

001.常规考点

Excel 中可以创建多种不同类型的图表，用来表示不同的数据之间的关系。

【插入图表操作步骤】

选中需要创建图表的数据区域→【插入】选项卡【图表】组选择对应的图表类型，如图 4-22 所示。

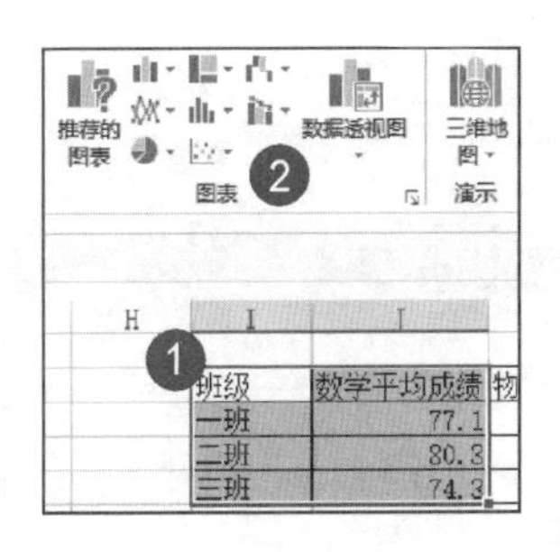

图 4-22　插入图表

002.创建组合图表

一个图表中可以根据不同数据类型添加不同的图表类型，以表示不同的数据。

【创建组合图表操作步骤】

选中需要创建图表的数据区域→点击【插入】选项卡【图表】组的下

拉箭头→弹出的对话框中点击“所有图表”→选择“组合图”→设置对应类别的图表类型以及是否需要勾选“次坐标轴”，如图 4-23 所示。

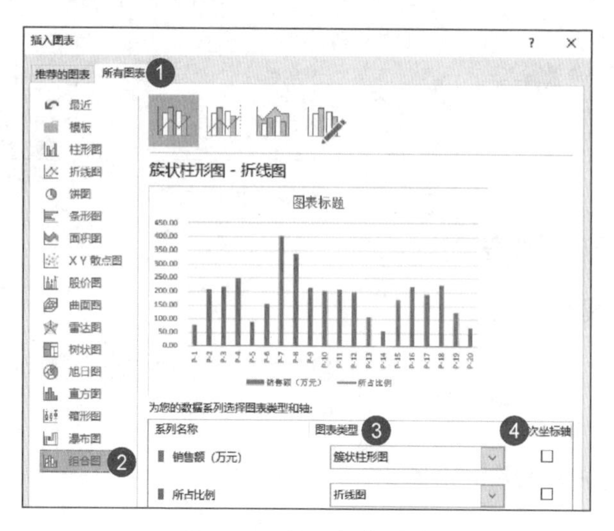

图 4-23　插入组合图表

4.6.3　更改图表样式

题目要求：设置图表样式为“样式 8”。

【更改图表样式操作步骤】

选中插入的图表→【图表工具/设计】选项卡【图表样式】组选择“样式 8”的图表样式（光标移到该样式其右下角会出现对应的文字说明），如图 4-24 所示。

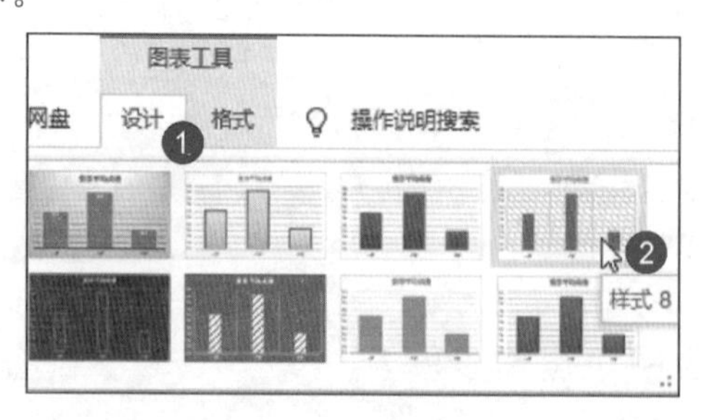

图 4-24　更改图表样式

4.6.4　图表标题

题目要求：为图表添加标题，图表标题为“十二月份工资图”，位于图表上方。

【添加图表标题操作步骤】

选中图表→【图表工具/设计】选项卡【图表布局】组点击“图表标题”→选择“图表上方”→文本框中输入“十二月份工资图”，如图 4-25 所示。

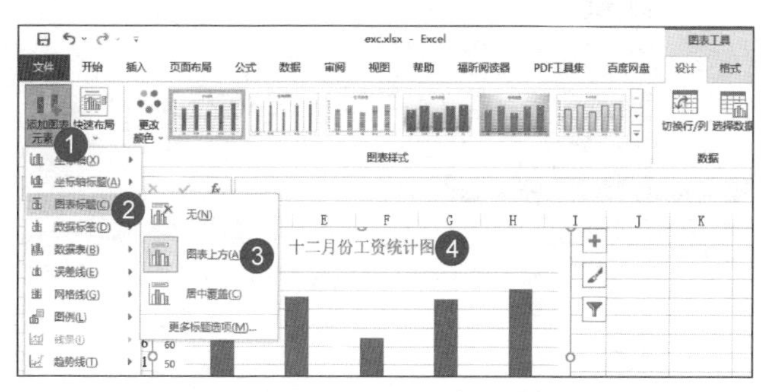

图 4-25　添加图表标题

4.6.5　坐标轴标题

坐标轴标题可以直观的反应横纵坐标轴代表的数据类型。

题目要求：图表主要纵坐标轴标题为“气温”。

【添加坐标轴标题操作步骤】

选中图表→【图表工具/设计】选项卡【图表布局】组点击“添加图表元素”→展开的下拉框中点击“坐标轴标题”→选择“主要纵坐标轴标题”→图表的坐标轴标题文本框中输入“气温”，如图 4-26 所示。

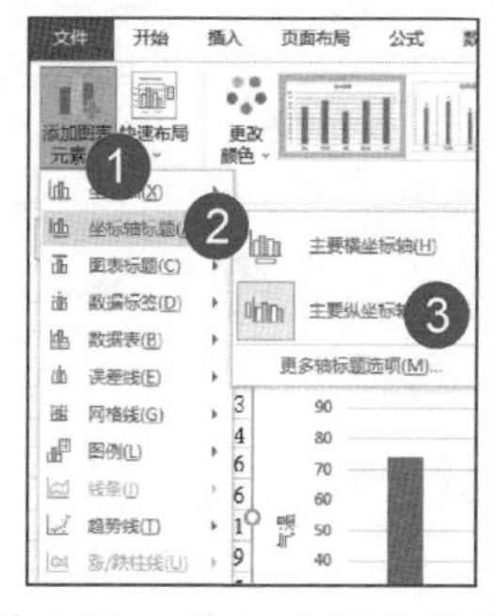

图 4-26　添加坐标轴标题

4.6.6 图例

图例在图表中的主要作用是清楚地展示在图表中的每一个系列所对应的内容。图例的位置有在右侧显示图例、在顶部显示图例、在左侧显示图例、在底部显示图例、无等，如图 4-27 所示。

若不需要显示图例直接选中图例将其删除即可。

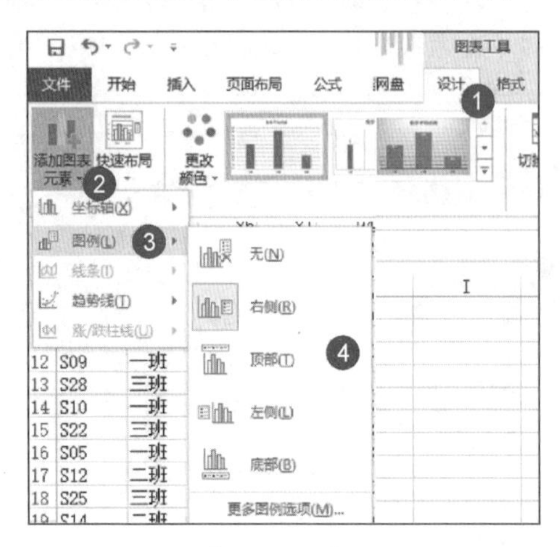

图 4-27 图例

4.6.7 设置坐标轴格式

坐标轴包括设置最大值，最小值，刻度值，坐标轴标签等。

【设置坐标轴操作步骤】

双击需要设置的坐标轴→在右边弹出的对话框中设置【最大值】、【最小值】等，如图 4-28 所示。

图 4-28 设置坐标轴格式

4.6.8　添加数据标签

数据标签能让图表更加形象直观，除了添加默认的值以外，还可以设置系列名称，类别名称，百分比和标签的位置等。

【添加数据标签操作步骤】

选中图表→点击图表右上角的“＋”选择数据标签→弹出的对话框中选择“更多选项”设置对应的格式以及标签位置，如图 4-29 所示。

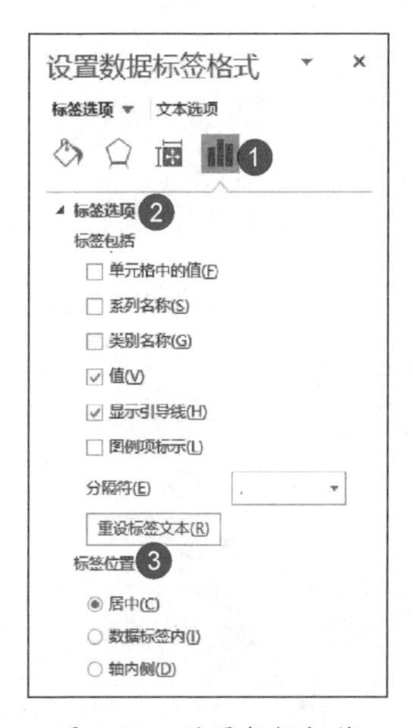

图 4-29　设置数据标签

4.6.9　设置数据系列

题目要求：设置图表系列绘制在主坐标轴，系列重叠 80%。

【设置数据系列操作步骤】

选中图表数据系列→点击鼠标右键弹出的对话框中点击“设置数据系列格式”→右边的对话框中【系列绘制在】处选择“主坐标轴”→【系列重叠】处设置为“80%”，如图 4-30 所示。

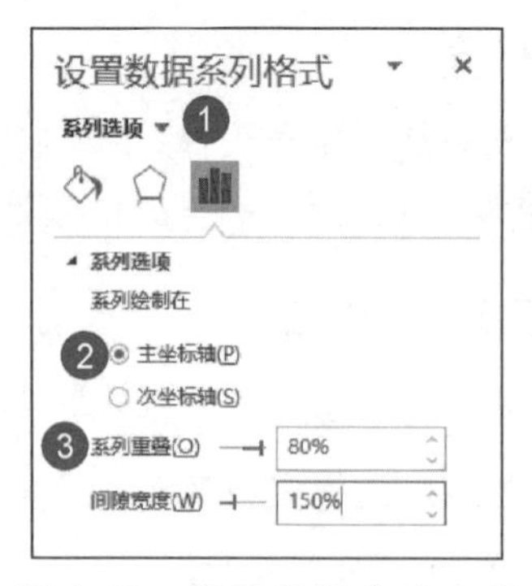

图 4-30 设置数据系列选项

4.6.10 设置坐标轴对齐方式

在图表中还可以设置坐标轴的不同对齐方式以及文字旋转方向。

【设置坐标轴对齐方式操作步骤】

双击需要调整格式的坐标轴→右边的“设置坐标轴格式”对话框中选择“大小和属性”→“对齐方式”下点击“文字方向”旁边的下拉箭头选择对应需要调整的方向，如图 4-31 所示。

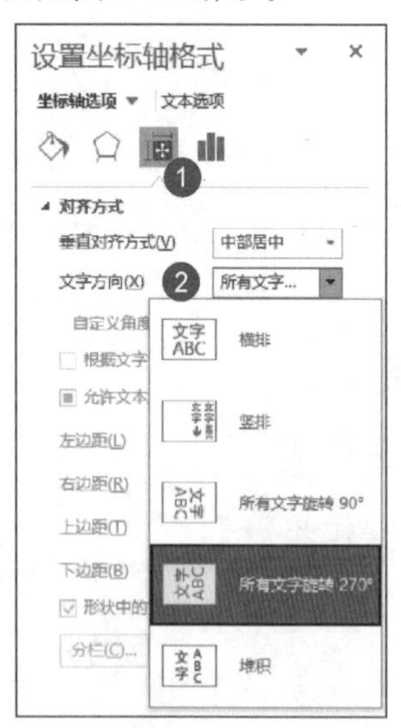

图 4-31 设置坐标轴对齐方式

4.6.11　设置坐标轴数字格式

在 Excel 中不仅可以设置单元格格式的数字格式，还可以设置坐标轴的数字格式。

【设置坐标轴数字格式操作步骤】

双击需要调整格式的坐标轴→右边的“设置坐标轴格式”对话框中选择“坐标轴选项”→点击“数字”展开的下拉列表中点击【类别】下的下拉箭头选择对应的格式→【小数位数】处可以设置对应保留的小数位，如图 4-32 所示。

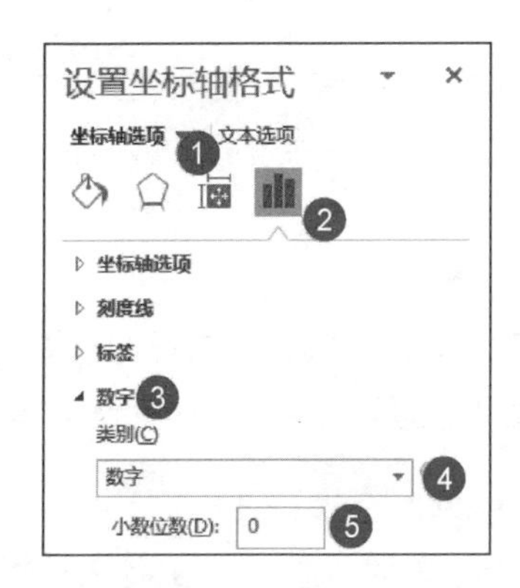

图 4-32　设置坐标轴数字格式

4.6.12　绘图区

绘图区是图表中真正包含图表内容的部分。绘图区包括除图表标题和图例之外的所有图表元素。

题目要求：设置绘图区格式为“图案填充”，填充样式为“实心菱形”。

【设置绘图区操作步骤】

选中图表绘图区→点击鼠标右键选择“设置绘图区格式”→弹出的对话框中【填充】处选择“图案填充”→选择“实心菱形”，如图 4-33 所示。

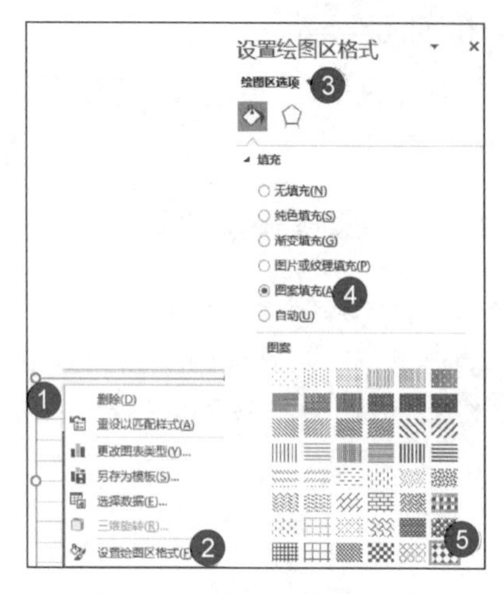

图 4-33　设置绘图区格式

4.6.13　图表背景墙

图表区域的背景墙颜色可以根据自己的需要进行调整。

题目要求:设置图表背景墙为“蓝色,个性色 1,淡色 80%”的纯色填充。

【设置图表背景墙操作步骤】

选中图表背景墙区域→点击鼠标右键选择“设置背景墙格式”→弹出的对话框中【填充】处选择“纯色填充”→主题颜色处选择“蓝色,个性色 1,淡色 80%”,如图 4-34 所示。

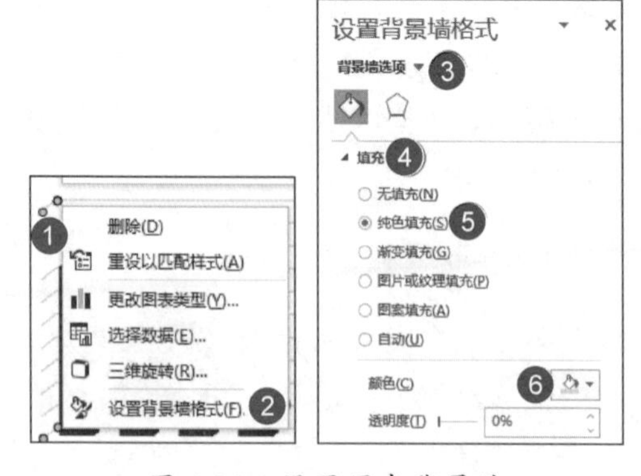

图 4-34　设置图表背景墙

特别提醒：在设置图表背景墙和绘图区格式时，若不能区分是哪一个区域，可以先选中图表，点击鼠标右键选择“设置图表区域格式”，在弹出的对话框中点击旁边的下拉箭头，选择对应的区域即可。

4.6.14　设置数据系列填充色

插入图表后数据系列颜色都是默认色，可以根据自身的需求选择合适的颜色，以达到更好的展示效果。

题目要求：设置图表数据系列 A 产品为纯色填充“蓝色，个性色 1，深色 25%”、B 产品为纯色填充“橙色，个性色 2，深色 25%”。

【设置数据系列填充色操作步骤】

选择图表中的系列 A→【图表工具/格式】选项卡【形状样式】组点击“形状填充”→展开的下拉列表中选择“蓝色，个性色 1，深色 25%”→继续选择系列 B→填充色设置为“橙色，个性色 2，深色 25%”，如图 4-35 所示。

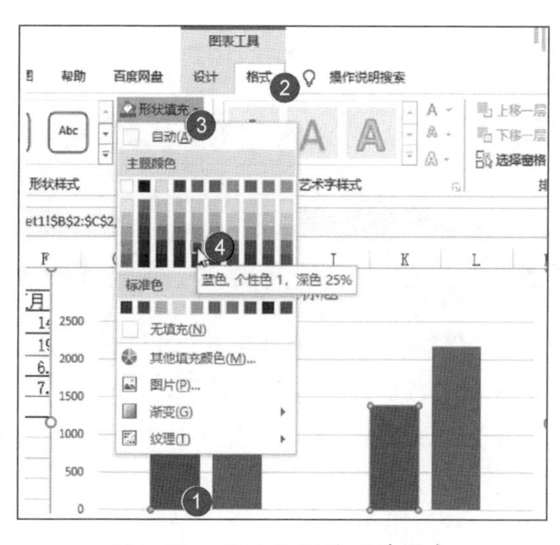

图 4-35　设置数据系列填充色

4.7 数据透视表考点　　难度系数★★☆☆☆

数据透视表在 excel 中具有强大的数据分析功能，能直观地分析数据。

题目要求：对工作表“产品销售情况表”内数据清单的内容建立数据透视表，按行为“季度”，列为“产品类别”，值为“销售额(万元)”求和布局，并置于现工作表的 I10：N15 单元格区域。

【插入数据透视表操作步骤】

光标定位在数据区域内→【插入】选项卡【表格】组点击“数据透视表”→“表/区域”处选择数据→选择数据透视表位置为“现有工作表”→位置处引用“I10”→将“季度”拖拽到行→“产品类别”拖拽到列→“销售额(万元)”拖拽到值，如图 4-36 所示。

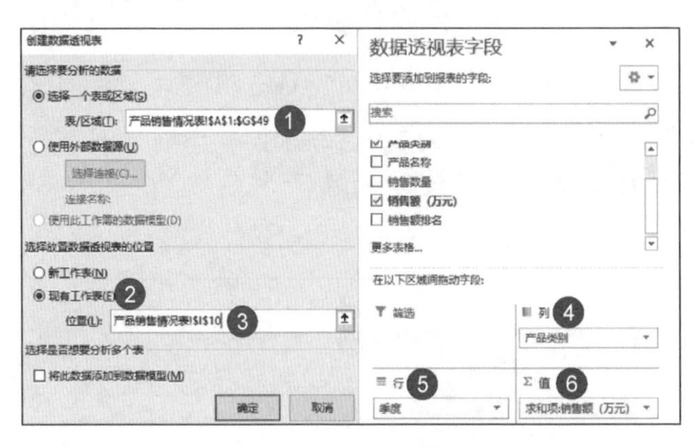

图 4-36　插入数据透视表

4.8 排序考点　　难度系数★★☆☆☆

题目要求：对工作表“产品销售情况表”内数据清单的内容按主要关键字“产品类别”的降序次序和次要关键字“分公司”的升序次序进行排序(排序依据均为“单元格值”)。

【排序操作步骤】

光标定位在数据区域的任一单元格内→【数据】选项卡【排序和筛选】组点击“排序”→主要关键字选择“产品类别”→次序选择“降序”→点击“添加条件”→次要关键字选择“分公司”→次序选择“升序”，如图 4-37 所示。

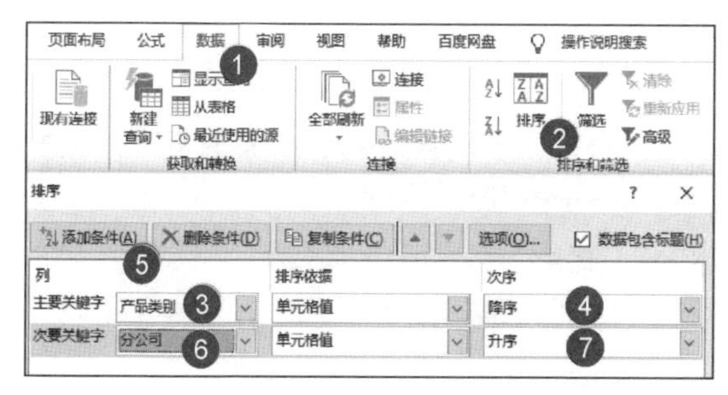

图 4-37　排序

4.9 筛选考点　　难度系数★★★☆☆

4.9.1　常规考点

001.简单筛选

题目要求:对"图书销售统计表"工作表数据进行筛选,条件为:第 1 分部和第 3 分部。

【筛选操作步骤】

光标定位在数据区域的任一单元格→【数据】选项卡【排序和筛选】组点击"筛选"→点击"经销部门"旁边的下拉箭头→展开的下拉列表中取消全选→勾选"第 1 分部"和"第 3 分部",如图 4-38 所示。

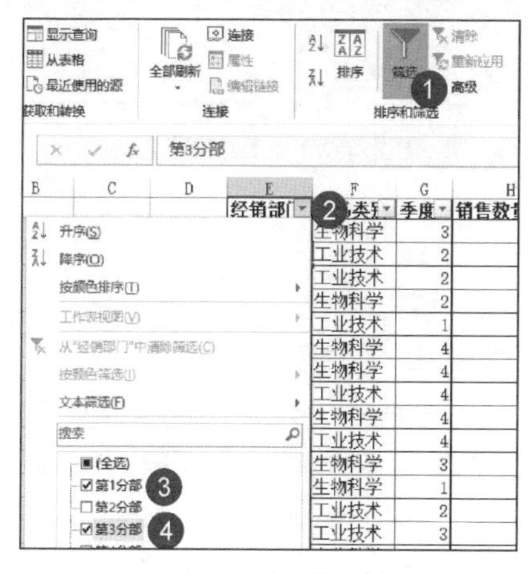

图 4-38　简单筛选

002.数值筛选

数值筛选可以筛选大于/小于某个数值的值、筛选高于/低于平均分的数值、筛选在某一个区域的数值等。

题目要求：对工作表“产品销售情况表”内数据清单的内容进行筛选，条件为：所有东部和西部的分公司且销售额高于平均值。

【数值筛选操作步骤】

光标定位在任一数据区域内→【数据】选项卡【排序和筛选】组点击“筛选”→点击“分公司”旁边的三角箭头筛选出为东部和西部的分公司→点击“销售额”旁边的三角箭头→展开的下拉列表中选择“数字筛选”→选择“高于平均值”，如图 4-39 所示。

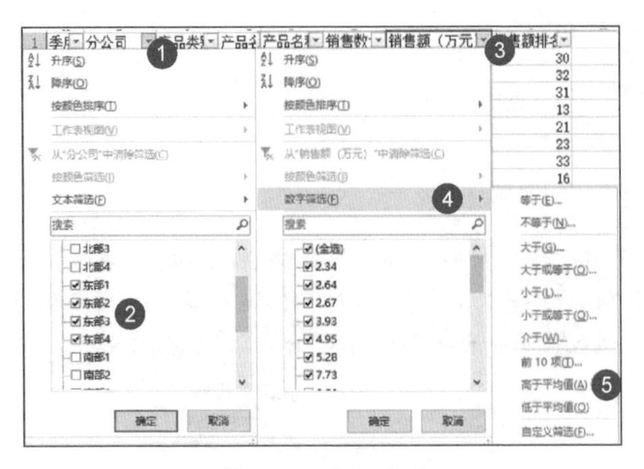

图 4-39　数值筛选

4.9.2　高级筛选

高级筛选考点在考试中是重点，需要各位考生重点掌握，高级筛选一定要注意设置列表区域、条件区域。

题目要求：选择“图书销售统计表”工作表，对工作表内数据清单的内容进行高级筛选（在数据清单前插入四行，条件区域设在 A1:G3 单元格区域，请在对应字段列内输入条件），条件是：图书类别为“生物科学”或“农业科学”且销售额排名在前 20 名（请用＜＝20）。

【高级筛选操作步骤】

在“图书销售统计表”工作表中→选中前 4 行→单击鼠标右键→展开的列表中选择“插入”→新插入的四行中第一行输入表格的标题行→B2:B3 单元格依次输入:“生物科学、农业科学”→G2:G3 单元格依次输入“＜＝20、＜＝20”,如图 4-40 所示。

	A	B	C	D	E	F	G
1	经销部门	图书类别	季度	销售数量(册)	销售额(元)	销售数量排名	销售额排名
2		生物科学					<=20
3		农业科学					<=20
4							
5	**经销部门**	**图书类别**	**季度**	**销售数量(册)**	**销售额(元)**	**销售数量排名**	**销售额排名**
6	第3分部	生物科学	3	124	8680	61	60

图 4-40　高级筛选

光标定位在数据区域任一单元格→【数据】选项卡【排序和筛选】组中点击“高级”→弹出的对话框中列表区域选择“A5:G69”→条件区域选择“A1:G3”→点击【确定】,如图 4-41 所示。

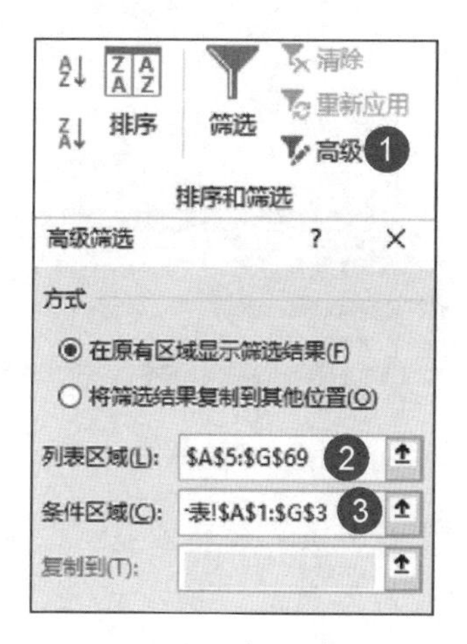

图 4-41　高级筛选

特别提醒:

1.高级筛选难点在于条件的书写,同行表示“且”,不同行表示“或”;

2.多条件可以同时成立放到一行,不可以同时成立放到多行。

4.10 分类汇总考点　　难度系数★★★☆☆

基本考点:分类字段、汇总方式、选定汇总项、数据不分页。

汇总方式主要考核:求和、平均值等。

题目要求:完成对各分公司销售量平均值的分类汇总,各平均值保留小数点后 0 位,汇总结果显示在数据下方。

【分类汇总操作步骤】

选中数据区域内的任一单元格→【数据】选项卡【分级显示】组点击“分类汇总”→分类字段选择“分公司”→汇总方式选择“平均值”→选定汇总项勾选“销售数量”→勾选“汇总结果显示在数据下方”,如图 4-42 所示。

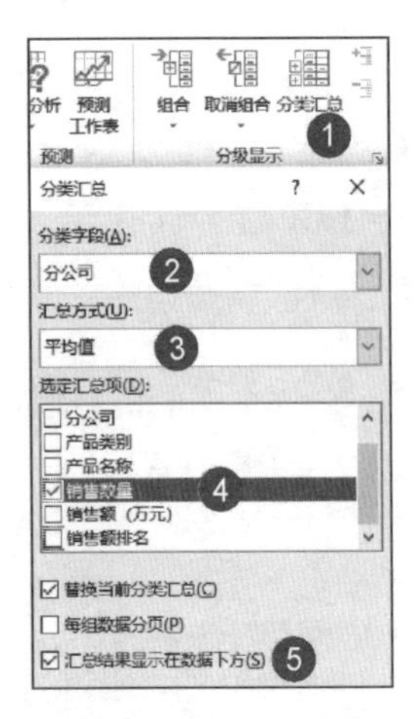

图 4-42　分类汇总

特别提醒:若要求设置分类汇总后的显示级别,分类汇总完成后点击左上角的显示级别即可,如图 4-43 所示。

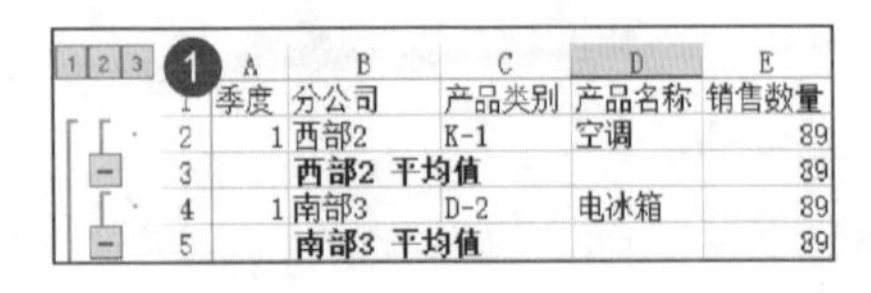

	A	B	C	D	E
1	季度	分公司	产品类别	产品名称	销售数量
2	1	西部2	K-1	空调	89
3		西部2 平均值			89
4	1	南部3	D-2	电冰箱	89
5		南部3 平均值			89

图 4-43 分类汇总

4.11 函数公式考点　　难度系数★★★★☆

4.11.1　单元格引用

001.相对引用

与包含公式的单元格位置相关，引用的单元格地址不是固定地址，而是相对于公式所在单元格的相对位置。

默认情况下，在公式中对单元格的引用都是相对引用。例如，在 B2 单元格中输入公式“＝A2”，当沿 B 列向下填充该公式到单元格 B3 时，B3 中的公式变成了“＝A3”。

	A	B	C
1	数据	数值	相对引用公式
2	S01	S01	=A2
3	S02	S02	=A3
4	S11	S11	=A4

002.绝对引用

与包含公式的单元格位置无关。在填充公式时，如果不希望所引用的位置发生变化，那么就要用到绝对引用。

绝对引用是在引用的地址前插入符号“＄”，表示为“＄列标＄行号”。例如，如果希望在 B 列中总是引用 A2 单元格中的值，那么在 B2 中输入“＝＄A＄2”，此时再向下填充公式时，公式就总是“＝＄A＄2”。

	A	B	C
1	数据	数值	绝对引用公式
2	S01	S01	=$A$2
3	S02	S01	=$A$2
4	S11	S01	=$A$2

003.混合引用

当需要固定行而允许列变化时，在行号前加符号“$”，例如“=A$2”。

	A	B	C	D
1	数据			
2	S01	S05	S06	S08
3	S02	S01	S05	S06
4	S11	S01	S05	S06
5	引用行公式			
6		=A$2	=B$2	=C$2
7		=A$2	=B$2	=C$2

当需要固定列而允许行变化时，在列标前加符号“$”，例如“=$A2”。

快速切换 4 种不同单元格引用类型：如果需要在各种引用方式间不断切换，可按【F4】键快速在相对引用、绝对引用和混合引用之间进行切换。

特别提醒：如果笔记本电脑按【F4】键不能切换不同单元格引用，加上 Fn 即可。

4.11.2　五大基本函数

001.sum 求和函数

定义：对指定参数进行求和。

书写规则：=sum(数据区域)。

	A	B	C
1	数据	数值	求和公式
2	1	6	=SUM(A2:A4)
3	2		
4	3		

002.average 求平均函数

定义：对指定参数进行求平均值。

书写规则：=average(数据区域)。

	A	B	C
1	数据	数值	**求平均值公式**
2	1	2	=AVERAGE(A2:A4)
3	2		
4	3		

003.max 求最大值函数

定义：求指定区域中的最大值。

书写规则：=max(数据区域)。

	A	B	C
1	数据	数值	**求最大值公式**
2	1	3	=MAX(A2:A4)
3	2		
4	3		

004.min 求最小值函数

定义：求指定区域中的最小值。

书写规则：=min(数据区域)。

	A	B	C
1	数据	数值	**求最小值公式**
2	1	1	=MIN(A2:A4)
3	2		
4	3		

005.count 求个数函数

定义：求指定区域中数值单元格的个数。

书写规则：=count(数据区域)。

	A	B	C
1	数据	数值	**求个数公式**
2	1	3	=COUNT(A2:A4)
3	2		
4	3		

4.11.3　rank 排名函数

定义：求某个数据在指定区域中的排名。

书写规则：=rank(排名对象，排名的数据区域，升序或者降序)。

成绩	成绩排名	公式
75	2	=RANK(A2,$A$2:$A$4)
97	1	
45	3	

RANK.EQ 函数与 RANK 函数用法相同，都是返回一个数字在数字列表中的排位。

注意事项：

1.第二参数一定要绝对引用；

2.第三参数通常省略不写。

4.11.4　if 逻辑判断函数

定义：根据逻辑判断是或否，返回两种不同的结果。

书写规则：=if(逻辑判断语句，逻辑判断"是"返回的结果，逻辑判断"否"返回的结果)。

题目要求：成绩"＜60"显示"不及格"，成绩在"60－80"间显示"及格"，成绩"＞80"显示"优秀"。

成绩	等级	公式
75	及格	=IF(A2<60,"不及格"IF(A2<80,"及格""优秀"))
97	优秀	
45	不及格	

特别提醒：

1.写 IF 函数的多层嵌套时，一定要注意不能少括号，括号成对出现；

2.条件或者返回结果为文本时，一定要加双引号。

4.11.5　条件求个数函数

001.countif 单条件求个数函数

定义：求指定区域中满足单个条件的单元格个数。

书写规则：=countif(区域,条件)。

	A	B	C
1	1班学生性别	1班女生人数	公式
2	男	2	=COUNTIF(A2:A5,"女")
3	女		
4	男		
5	女		

002.countifs 多条件求个数函数

定义：求指定区域中满足多个条件的单元格个数。

书写规则：=countifs(区域,条件,区域,条件,……)。

	A	B	C	D
1	班级	性别	1班女生人数	公式
2	1班	男	2	=COUNTIFS(A2:A5,"1班",B2:B5,"女")
3	1班	女		
4	2班	男		
5	1班	女		

4.11.6　条件求平均函数

001.averageif 单条件求平均值函数

定义：对满足单个条件的数据进行求平均值。

书写规则：=averageif(条件区域,条件,求平均值区域)。

	A	B	C	D
1	职称	基本工资（元）	高工基本工资平均值	公式
2	高工	8700	8466.67	=AVERAGEIF(A2:A6,"高工",B2:B6)
3	高工	8200		
4	工程师	7100		
5	高工	8500		
6	工程师	6500		

002.averageifs 多条件求平均值函数

定义：对满足多个条件的数据进行求平均值。

书写规则：=averageifs(求平均值区域,条件区域,条件,条件区域,条件,……)。

	A	B	C	D
1	职称	性别	销售额（万）	求男高工的平均销售额（公式）
2	高工	男	58	=AVERAGEIFS(C2:C5,A2:A5,"高工",B2:B5,"男")
3	工程师	男	760	
4	高工	男	850	
5	助工	女	400	

4.11.7 sumif 单条件求和函数

定义：对满足单个条件的数据进行求和。

书写规则：=sumif(条件区域，条件，求和区域)。

	A	B	C	D
1	部门	销售额（万）	生产部总销售额	公式
2	行政部	58	1160	=SUMIF(A2:A5,"生产部",B2:B5)
3	生产部	760		
4	市场部	850		
5	生产部	400		

4.11.8 vlookup 查询函数

定义：在指定区域的首列沿垂直方向查找指定的值，返回同一行中的其他值。

书写规则：=vlookup(查询对象，查询的数据区域，结果所在的列数，精确匹配或者近似匹配)。

	A	B	C
1	图书编号	图书名称	价格
2	BK-83021	《计算机基础基础》	33
3	BK-83022	《Photoshop应用》	17
4	BK-83023	《C语言程序设计》	33
5	BK-83024	《VB语言程序设计》	45
6	BK-83025	《Java语言程序设计》	27
7	题目要求：根据图书编号查询图书定价		
8	图书编号	定价	公式（精确匹配）
9	BK-83023	33	=VLOOKUP(A9,$A$2:$C$6,3,FALSE)
10	BK-83025	27	
11	BK-83021	33	
12	BK-83022	17	

特别提醒：vlookup 函数的第二个参数查询的数据区域需要绝对引用。

4.11.9 text 文本函数

定义：将指定的数字转化为特定格式的文本。

书写规则：=text(字符串,转化的格式)。

	A	B	C
1	日期	转化后	公式
2	2017/6/5	2017	=TEXT(A2,"yyyy")
3	2016/9/6	2016	
4	2017/6/28	2017	
5	2017/10/30	2017	
6	2016/9/1	2016	

特别提醒：当题目要求月份不带前导零时，第二个参数为“m”即可。

	A	B	C
1	日期	转化后	公式
2	2017/6/5	6	=TEXT(A2,"m")
3	2016/9/6	9	
4	2017/6/28	6	
5	2017/10/30	10	
6	2016/9/1	9	

4.11.10　日期函数

001.year 求年份函数

定义：求指定日期的年份。

书写规则：=year(日期)。

	A	B	C
1	日期	年份	公式
2	2020/6/5	2020	=YEAR(A2)

002.month 求月份函数

定义：求指定日期的月份。

书写规则：=month(日期)。

	A	B	C
1	日期	月份	公式
2	2020/6/5	6	=MONTH(A2)

003.day 求天数函数

定义：求指定日期对应当月的天数。

书写规则：＝day(日期)。

	A	B	C
1	日期	天数	公式
2	2020/6/5	5	=DAY(A2)

4.11.11 函数公式进阶

001.多个 if 函数嵌套

题目要求：请利用 IF 函数，根据“绩效评分”计算“奖金”，计算规则如图 4-44 所示。

绩效评分	奖金
大于等于90	1000元
大于等于80	800元
大于等于70	600元
大于等于60	400元
小于60	100元

图 4-44　多个 if 函数嵌套

公式书写规则：

	A	B	C
1	绩效评分	奖金	公式
2	93	1000	=IF(A2>=90,1000,IF(A2>=80,800,IF(A2>=70,600,IF(A2>=60,400,100))))
3	84	800	
4	61	400	
5	94	1000	
6	97	1000	

002.if 和 and 函数嵌套

题目要求：利用 IF 函数给出“销售表现”列的内容：如果某月 A 产品所占百分比大于 10％并且 B 产品所占百分比也大于 10％，在相应单元格内填入“优良”，否则填入“中等”。

公式书写规则：

	A	B	C	D	E	F	G
1	月份	一月	二月	三月	四月	五月	六月
2	A所占百分比	5.89%	6.14%	7.22%	10.76%	6.48%	10.13%
3	B所占百分比	4.53%	8.54%	5.57%	10.49%	7.74%	10.01%
4	销售表现	中等	中等	中等	优良	中等	优良
5	公式						
6	=IF(AND(B2>10%,B3>10%),"优良" , "中等")						

003.if 和 or 函数嵌套

题目要求：在“Excel.xlsx”中：利用 IF 函数给出“销售表现”列的内容：如果销售额所占百分比大于 5%或者数量所占百分比大于 10%，在相应单元格内填入“优”，如果销售额所占百分比小于 0.1%，在相应单元格内填入“差”，否则填入“中等”。

公式书写规则：

	A	B	C	D	E
1	序号	数量	销售额	销售表现	公式
2	1	3	¥1,314.0	优	=IF(OR(C2/$C$6>5%,B2/$B$6>10%),"优" , IF(C2/$C$6<0.1%,"差" , "中等")
3	2	48	¥7,440.0	优	
4	3	1	¥1,699.0	优	
5	4	2	¥500.0	中等	
6	合计	54	¥10,953.0		

第5章　PPT演示文稿

5.1 幻灯片考点　　难度系数★☆☆☆☆

5.1.1　新建幻灯片

在制作PPT过程中可以根据自己的需要来新建不同版式的幻灯片。

【新建幻灯片操作步骤】

【开始】选项卡【幻灯片】组点击“新建幻灯片”→展开的下拉列表中选择合适的版式即可，如图5-1所示。

图5-1　新建幻灯片

5.1.2　修改幻灯片版式

为幻灯片中应用合适的版式可以让幻灯片的排版更加合理。

【修改版式操作步骤】

选中需要修改版式的幻灯片→【开始】选项卡【幻灯片】组点击“版式”→展开的下拉列表中选择对应的版式，如图5-2所示。

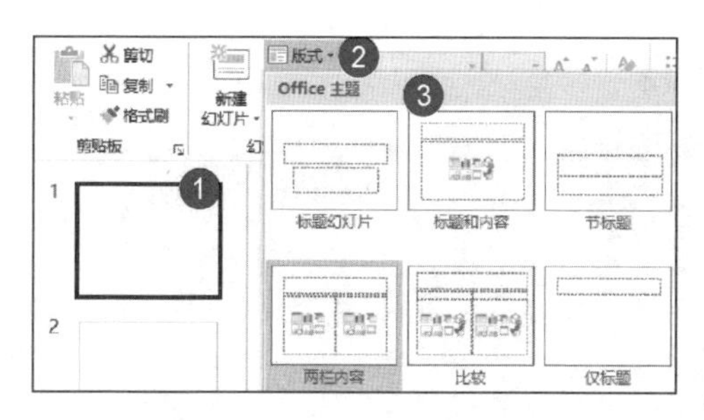

图 5-2　修改幻灯片版式

移动幻灯片:选中需要移动的幻灯片,按住鼠标左键不放拖拽到指定位置即可。

删除幻灯片:选中需要删除的幻灯片,直接按 backspace 键即可删除。

复制幻灯片:选中需要复制的幻灯片,单击鼠标右键选择“复制幻灯片”。

5.2 字体段落考点　　难度系数★★☆☆☆

5.2.1　字体常规考点

设置字体、字号、颜色、加粗,如图 5-3 所示。

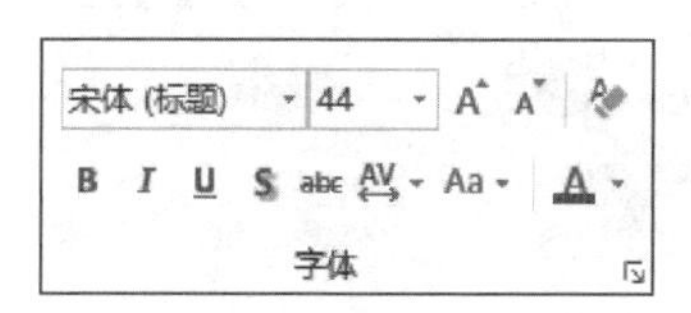

图 5-3　字体常规考点

5.2.2　字体颜色 RGB 值

题目要求:主标题字体设置红色(RGB 模式,红色:243,绿色:1,蓝色:2)。

【以 RGB 值设置字体颜色操作步骤】

选中主标题→【开始】选项卡【字体】组点击“字体颜色旁边的小三角”→展开的下拉表中选择“其他颜色”→【自定义】处颜色模式选择“RGB”→分别在红色、绿色、蓝色处输入“243,1,2”,如图 5-4 所示。

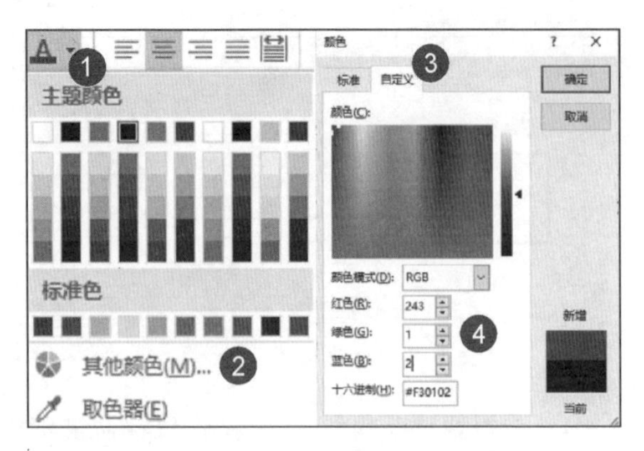

图 5-4 RGB 值设置字体颜色

5.2.3 字符间距

题目要求：主标题字体字符间距加宽 5 磅。

【调整字符间距操作步骤】

选中主标题→【开始】选项卡点击【字体】组右下角→选择【字符间距】→间距选择“加宽”→度量值处输入“5”，如图 5-5 所示。

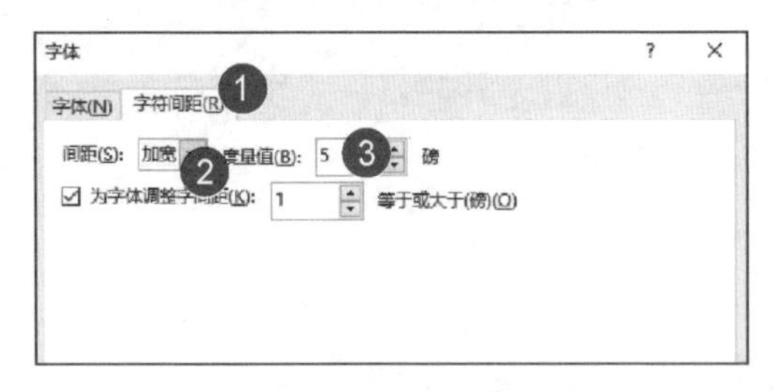

图 5-5 调整字符间距

5.2.4 段落行距考点

在制作 PPT 过程中，适当地调整行距可以提高可阅读性，减少阅读者的疲劳。

【调整行距操作步骤】

选择需要调整的文本→【开始】选项卡【段落】组点击“行距”→展开

的下拉列表中选择合适的行距，如图 5-6 所示。

图 5-6　调整行距

特别提醒：若下拉列表中没有合适的行距，则点击“行距选项”选择多倍行距输入对应的值即可。

5.2.5　调整段落级别

题目要求：将第 3 张幻灯片中的“良好态势”和“不足弊端”这两项内容的列表级别降低一个等级(即增大缩进级别)。

【调整段落级别操作步骤】

选中“良好态势”和“不足弊端”这两项内容→【开始】选项卡【段落】组点击一次【提高列表级别】(或者按一次 Tab 键)，如图 5-7 所示。

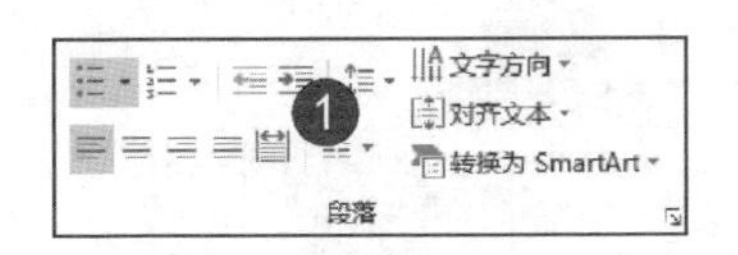

图 5-7　调整段落级别

5.2.6　文本转换为 SmartArt

题目要求：将第 5 张幻灯片的文本框中的文字转换成为“垂直项目符号列表”的 SmartArt 图形。

【文本转换为 SmartArt 操作步骤】

选择需要转化的文本→【开始】选项卡【段落】组点击“转换为 SmartArt”按钮→点击【其他 SmartArt 图形】→选择“垂直项目符号列表”，如图 5-8 所示。

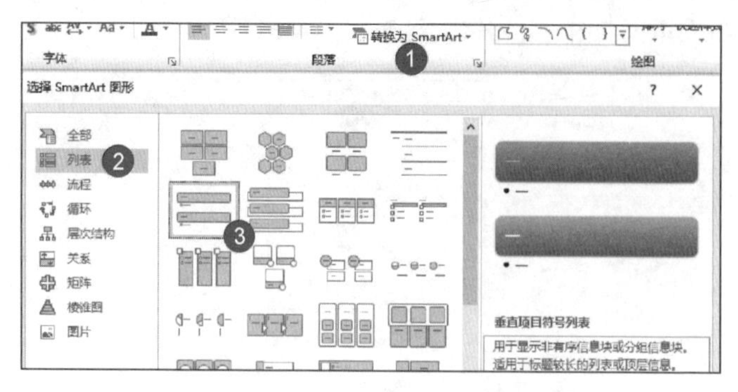

图 5-8　文本转换为 SmartArt 操作步骤

5.3 插入选项卡考点　　难度系数★★☆☆☆

5.3.1　表格考点

001.常规考点

插入指定行列数的表格、套用表格样式,如图 5-9 所示。

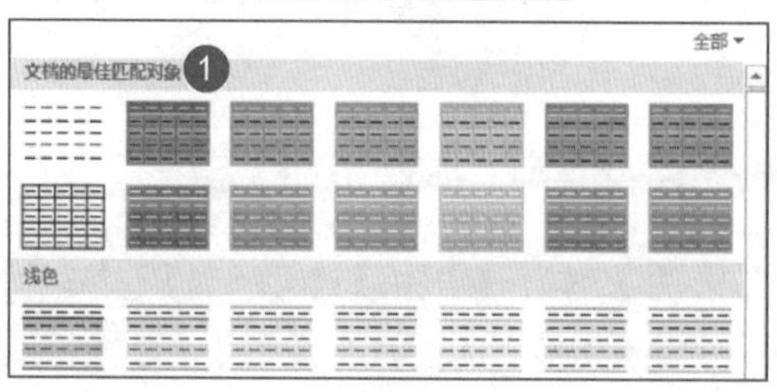

图 5-9　表格常规考点

002.布局选项卡考点

合并单元格、文字对齐方式、调整表格大小，如图 5-10 所示。

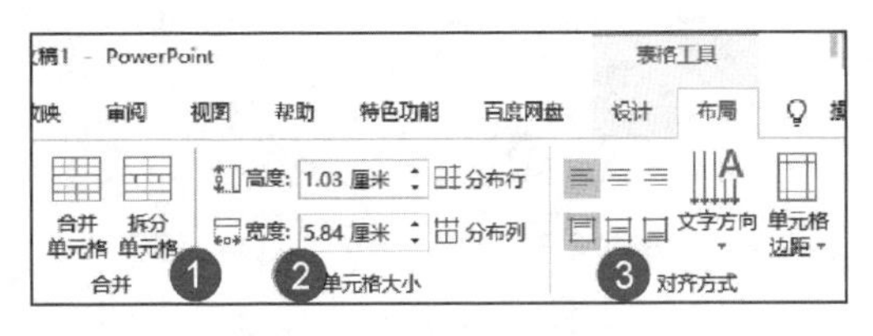

图 5-10　表格布局考点

5.3.2　艺术字考点

001.常规考点

调整艺术字高度和宽度、艺术字对齐方式，如图 5-11 所示。

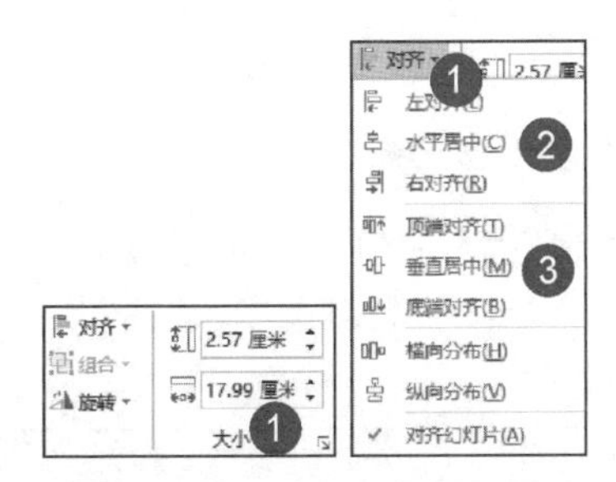

图 5-11　艺术字常规考点

002.插入艺术字

在演示文稿中插入合适的艺术字，可以让演示文稿展示时显得更加丰富。

【插入艺术字操作步骤】

【插入】选项卡【文本】组点击“艺术字”→展开的下拉列表中选择合适的艺术字样式(将光标放在艺术字样式上其右下角会出现该艺术字的样式名)，如图 5-12 所示。

图 5-12　插入艺术字

特别提醒:艺术字的样式会根据不同的主题而存在不同的样式。

003.设置艺术字文本效果

题目要求:艺术字文字效果为“转换—弯曲—双波形:下上”。

【设置艺术字文本效果操作步骤】

选中插入的艺术字→【绘图工具/格式】选项卡【艺术字样式】组点击“文本效果”→展开的下拉列表中选择“转换”找到“弯曲—双波形:下上”效果,如图 5-13 所示。

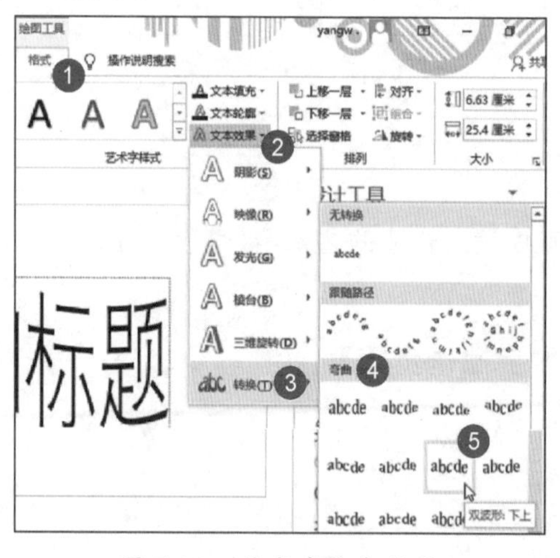

图 5-13　艺术字文本效果

004.调整艺术字放置位置

题目要求:在位置(水平:2.1 厘米,从:左上角,垂直:8.24 厘米,从:左上角)插入样式为“填充:白色,文本色 1;阴影”的艺术字。

【调整艺术字位置操作步骤】

先插入“填充:白色,文本色 1;阴影”的艺术字→选中艺术字文本框→点击鼠标右键→展开的列表中选择“大小和位置”→位置处分别调整水平垂直为“2.1 厘米、8.24 厘米”→均选择“从左上角”,如图 5-14 所示。

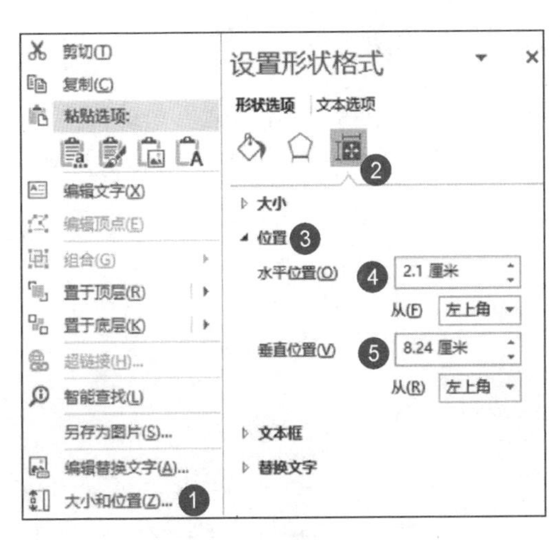

图 5-14　调整艺术字位置

5.3.3　图片考点

001.常规考点

PPT 中图片的考点与 Word 中基本相似。例如,图片样式、对齐、效果、大小,如图 5-15 所示。

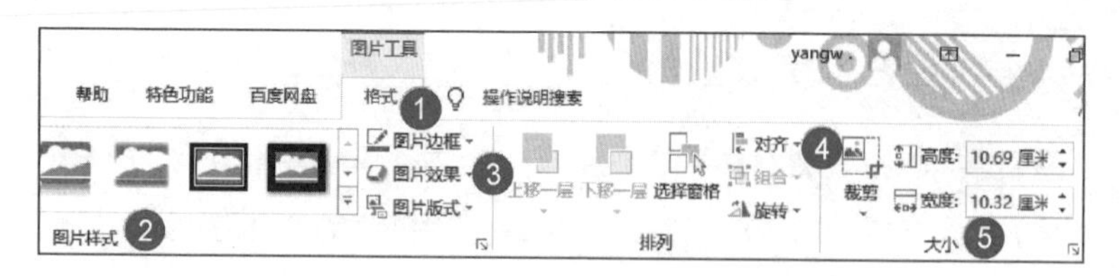

图 5-15 图片常规考点

002.调整图片位置

题目要求:调整图片位置设置为水平 0.2 厘米、垂直 2 厘米,均为从"左上角"。

【调整图片位置操作步骤】

选中图片→单击鼠标右键在展开的列表中选择"大小和位置"→位置处调整其水平垂直位置分别为"0.2 厘米、2 厘米"→均选择"从左上角",如图 5-16 所示。

图 5-16 调整图片位置

5.3.4 超链接考点

题目要求:将文本"市场业绩"链接到第 5 张幻灯片。

【添加超链接操作步骤】

选中文本“市场业绩”→【插入】选项卡【链接】组点击“链接”→链接到选择“本文档中的位置”→本文档的位置选择“5.市场业绩”，如图 5-17 所示。

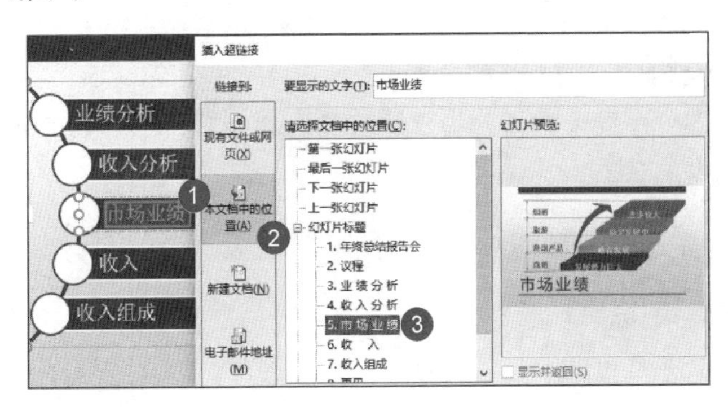

图 5-17　插入超链接

特别提醒：在做超链接之前，为了防止软件崩溃，一定要先保存文件再做超链接。

5.3.5　插入图表

PPT 中图表的考点相对而言比较简单，基本上是 Excel 图表考点中的一些常规知识点。

主要考点：图表标题、图表标签、图例、图表样式、图表大小，如图 5-18、图 5-19 所示。

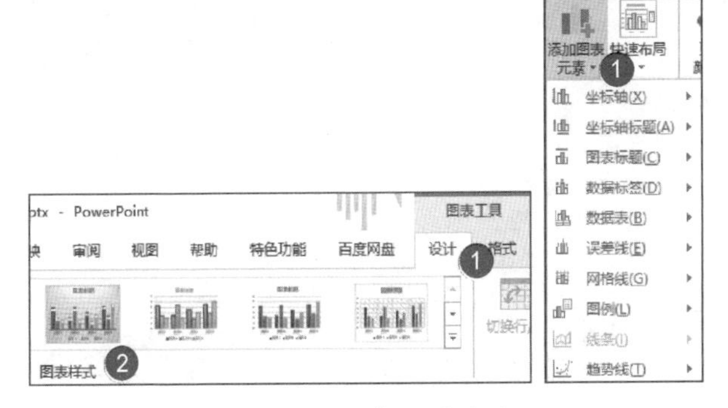

图 5-18　图表设计考点

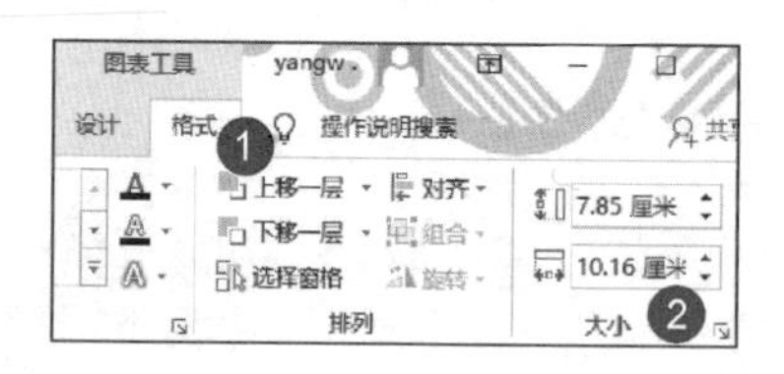

图 5-19　图表格式考点

5.3.6　页脚、幻灯片编号考点

这一部分主要考核插入指定的页脚内容、幻灯片编号、标题幻灯片中不显示等知识点。

001.插入统一的页脚

题目要求：除了标题幻灯片外其它每张幻灯片中的页脚插入“食品类”三个字，并且也插入与其幻灯片编号相同的数字。

【页脚、幻灯片编号操作步骤】

点击【插入】选项卡【文本】组“页眉和页脚”→勾选“幻灯片编号”“页脚”“标题幻灯片中不显示”→页脚内容框中输入“食品类”→点击“全部应用”，如图 5-20 所示。

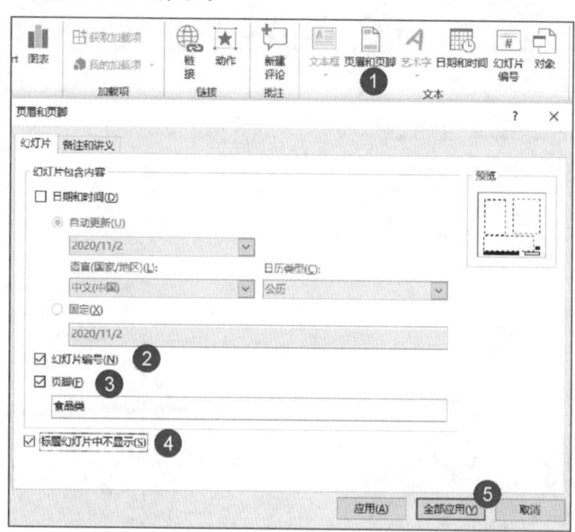

图 5-20　统一的页脚

002.插入不同的页脚

题目要求：在第一张幻灯片前插入 4 张新幻灯片，第一张幻灯片的页脚内容为“D”，第二张幻灯片的页脚内容为“C”，第三张幻灯片的页脚内容为“B”，第四张幻灯片的页脚内容为“A”。

【插入不同页脚操作步骤】

选中第一张幻灯片→点击【插入】选项卡【文本】组“页眉和页脚”→勾选“页脚”→页脚内容框中输入“D”→点击“应用”→继续选中第二张幻灯片→页脚内容框中输入“C”→点击“应用”→依次设置第三张和第四张幻灯片页脚内容即可，如图 5-21 所示。

图 5-21　插入不同的页脚内容

5.4 设计选项卡考点　　难度系数★☆☆☆☆

5.4.1　应用主题

为演示文稿应用系统自带的主题。

题目要求：为整个演示文稿应用“主要事件”主题。

【应用指定主题操作步骤】

【设计】选项卡【主题】组点击“其他”→展开的下拉列表中选择“主要事件”主题，如图 5-22 所示。

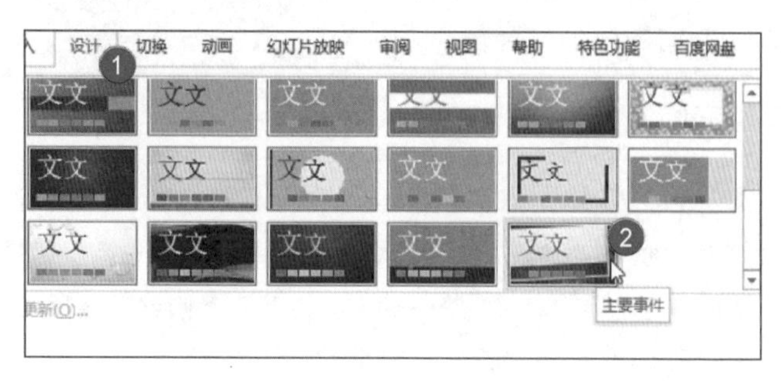

图 5-22 应用指定主题

5.4.2 页面设置

在 PPT 中主要考核调整幻灯片的页面大小。

题目要求：设置幻灯片的大小为“宽屏(16∶9)”。

【页面设置操作步骤】

【设计】选项卡【自定义】组点击“幻灯片大小”→展开的下拉列表中选择“宽屏(16∶9)”，如图 5-23 所示。

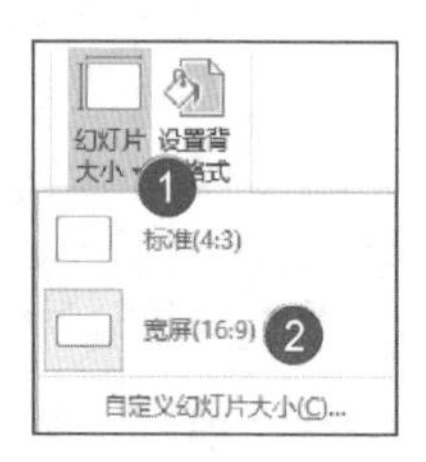

图 5-23 调整幻灯片大小

5.4.3 设置幻灯片背景

001.背景样式

题目要求：第一张幻灯片的背景样式设置为“样式 4”。

【设置背景样式操作步骤】

选中第一张幻灯片→【设计】选项卡【变体】组点击“其他”按钮→展开的下拉列表中选择“背景样式”→鼠标放在“样式 4”上点击鼠标右键→展开的下拉列表中选择“应用于所选幻灯片”，如图 5-24 所示。

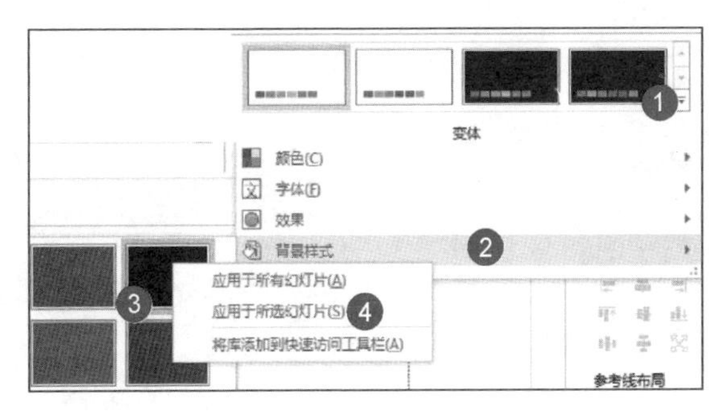

图 5-24　应用幻灯片背景样式

002.纹理填充

题目要求：第三张幻灯片的背景设置为“花束”纹理。

【设置纹理背景操作步骤】

选中第三张幻灯片→【设计】选项卡【自定义】组点击“设置背景格式”→填充选择“图片或纹理填充”→纹理处选择“花束”，如图 5-25 所示。

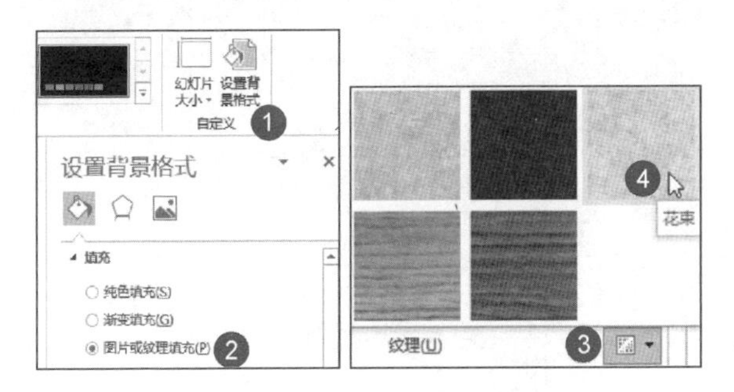

图 5-25　幻灯片纹理填充

特别提醒：当需要隐藏背景图形时，勾选“隐藏背景图形”即可，如

图 5-26 所示。

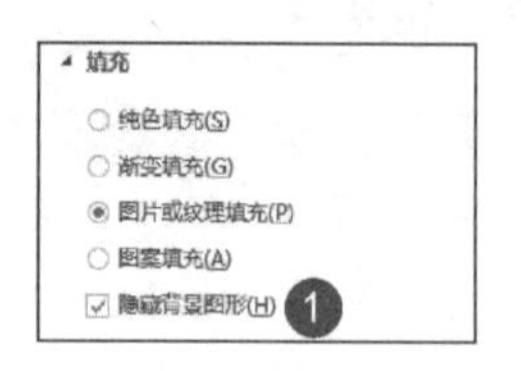

图 5-26 隐藏背景图形

003.渐变填充

主要考点:预设颜色、类型、方向。

题目要求:将第一张幻灯片背景格式的渐变填充效果设置为预设颜色"中等渐变一个性色 5",类型为"矩形"。

【设置渐变填充背景操作步骤】

选中第一张幻灯片→【设计】选项卡【自定义】组点击"设置背景格式"→填充选择"渐变填充"→预设颜色处选择"中等渐变一个性色 5"→类型选择"矩形",如图 5-27 所示。

图 5-27 渐变填充

特别提醒：设置背景渐变填充时，还可以设置其透明度，如上图所示。

5.5 切换选项卡考点　　难度系数★☆☆☆☆

5.5.1　设置幻灯片切换方式

题目要求：设置全体幻灯片切换方式为“擦除”。

【设置切换方式操作步骤】

【切换】选项卡【切换到此幻灯片】组点击“擦除”→【计时】组点击“应用到全部”，如图 5-28 所示。

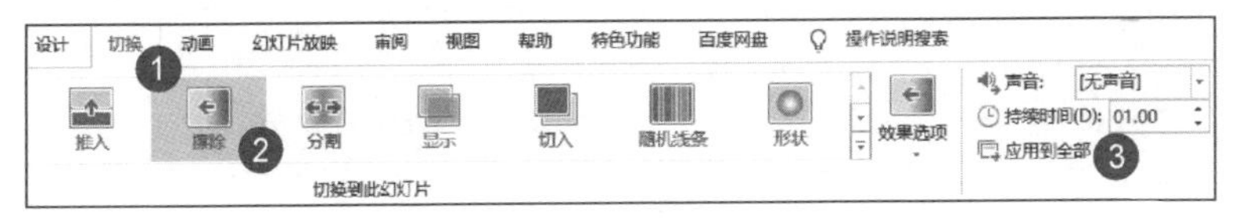

图 5-28　设置幻灯片切换方式

5.5.2　设置切换效果选项

题目要求：全体幻灯片切换方式为“旋转”，效果选项为“自底部”。

【设置切换效果操作步骤】

将全体幻灯片应用“旋转”的切换方式→点击【效果选项】展开的下拉表中选择“自底部”，如图 5-29 所示。

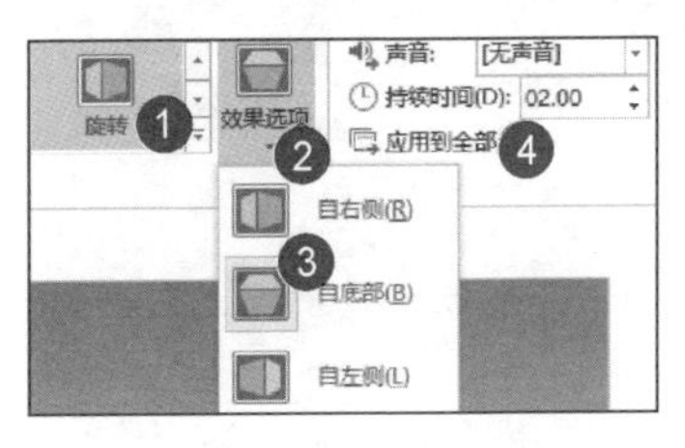

图 5-29　设置幻灯片切换效果

特别提醒：应用切换效果后，新建幻灯片时，需要给新建的幻灯片应用同样的切换方式和效果。

5.5.3 设置自动换片时间

题目要求：设置每张幻灯片的自动切换时间是 5 秒。

【设置自动换片时间操作步骤】

【切换】选项卡【计时】组勾选“设置自动换片时间”→设置为【00：05.00】→点击“应用到全部”，如图 5-30 所示。

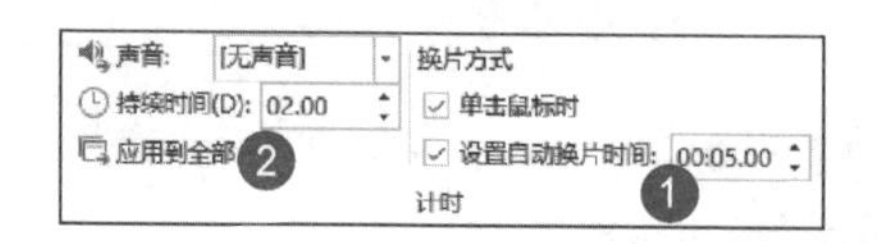

图 5-30 设置自动换片时间

5.6 动画考点 难度系数★★★☆☆

5.6.1 为指定对象添加动画

题目要求：为图片设置动画“强调/跷跷板”。

【添加动画操作步骤】

选中图片→【动画】选项卡【动画】组点击“其他”→展开的下拉列表中“强调”处选择“跷跷板”，如图 5-31 所示。

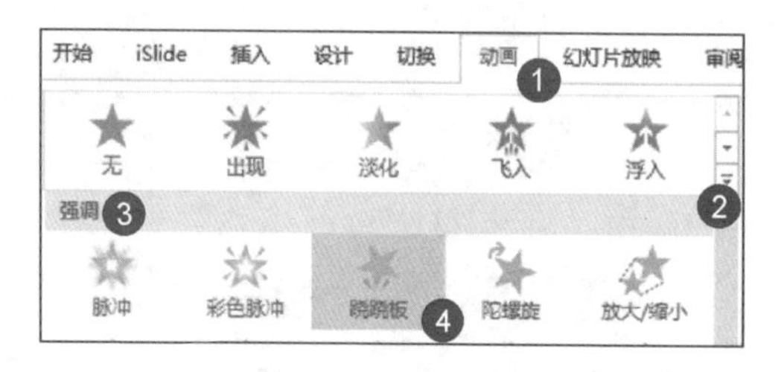

图 5-31 添加动画

当下拉列表中的动画不满足需求时，可以点击更多进入、强调等效果，如图 5-32 所示。

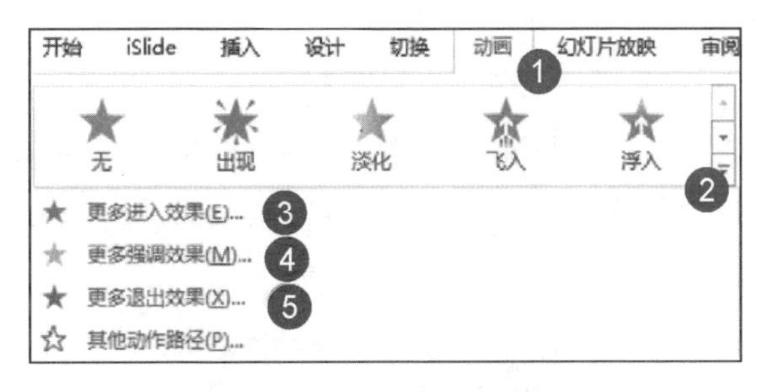

图5-32　更多动画效果

5.6.2　设置动画效果

题目要求:艺术字设置动画“强调/波浪形”,效果选项为“按段落”。

【设置动画效果操作步骤】

选中艺术字文本框→将其动画设置为“强调/波浪形”→点击“效果选项”→展开的下拉列表中选择“按段落”,如图5-33所示。

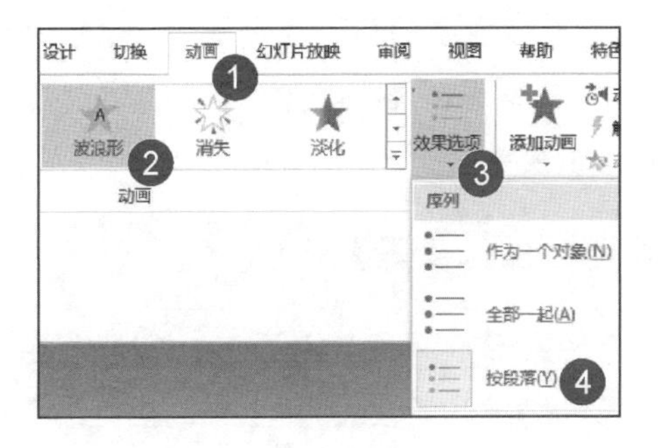

图5-33　设置动画效果

特别提醒:PPT共有图形、SmartArt、图表和文本框四种动画对象,动画对象不同,其效果选项也会不同。

5.6.3　调整动画播放顺序

题目要求:图片动画设置为“强调/陀螺旋”,效果选项为“逆时针”。左侧文字设置动画“进入/玩具风车”,动画顺序是先文字后图片。

【调整动画播放顺序操作步骤】

分别设置完成图片与文本框对应的动画效果→【高级动画】组点击“动画窗格”→右边弹出的对话框中选择“内容占位符 3”→点击“向前移动”,如图 5-34 所示。

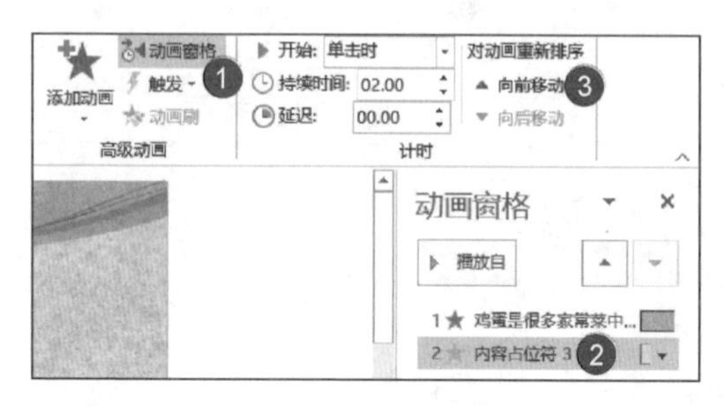

图 5-34　调整动画顺序

5.6.4　设置动画计时

题目要求:将 6 个竖卷形的动画都设置为“进入/螺旋飞入”。除左边第 1 个竖卷形外,其他竖卷形动画的“开始”均设置为“上一动画之后”,“持续时间”均设置为“2”。

【设置动画计时操作步骤】

同时选中 6 个竖卷形→设置其动画为“进入/螺旋飞入”→选中其余 5 个竖卷形→【计时】组开始设置为“上一动画之后”→持续时间设置为“02.00”,如图 5-35 所示。

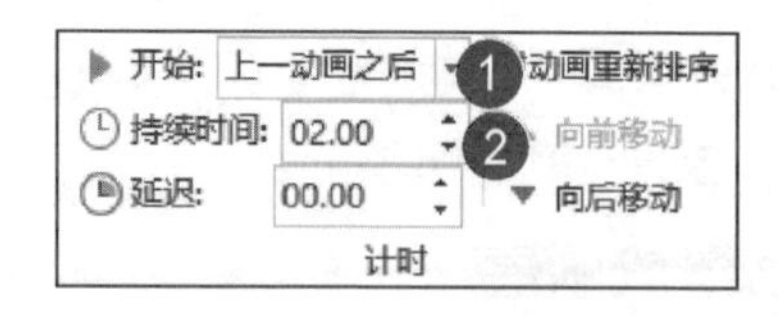

图 5-35　设置动画计时

5.7 幻灯片放映考点　　难度系数★☆☆☆☆

题目要求：幻灯片放映方式为“演讲者放映”。

【设置幻灯片放映方式操作步骤】

【幻灯片放映】选项卡【设置】组点击“设置幻灯片放映”→选择“演讲者放映”，如图 5-36 所示。

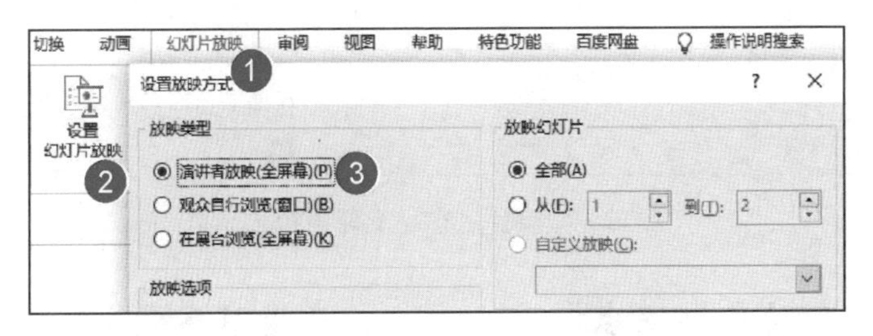

图 5-36　设置幻灯片放映方式

5.8 幻灯片母版考点　　难度系数★★★☆☆

5.8.1　设置字体段落考点

要求统一更改各级文本字体和段落时，可以通过母版视图进行批量操作。

题目要求：除了标题幻灯片外其它每张幻灯片中的页脚插入“中国汽车工业协会”八个字，并且设置这八个字的字体颜色为标准色“橙色”。

【统一更改页脚字体颜色操作步骤】

【视图】选项卡点击【幻灯片母版】→点击左侧幻灯片母版页→选中页脚内容→【开始】选项卡【字体】组将字体颜色更改为“橙色”（插入页脚具体操作步骤可见 5.3.6），如图 5-37 所示。

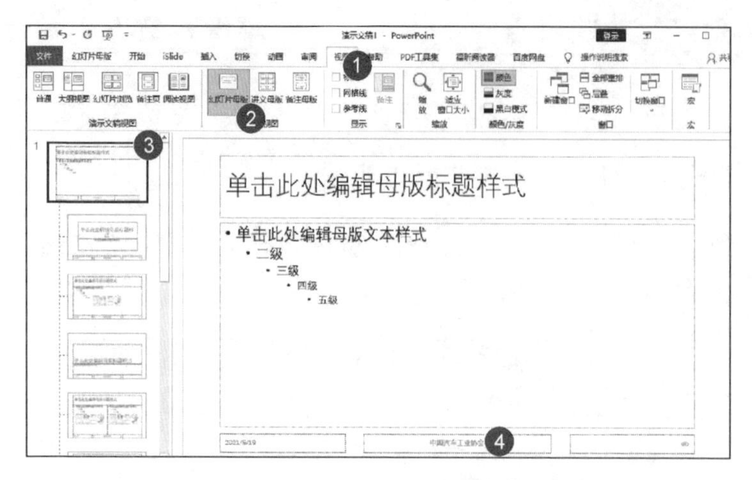

图 5-37　统一更改页脚字体颜色

5.9 幻灯片备注考点　　难度系数★☆☆☆☆

题目要求：在第五张幻灯片备注区插入备注："本款小菜适用于高血脂、高血压、动脉硬化、冠心病、糖尿病患者及亚健康人士食用。"

【幻灯片备注操作步骤】

选中第五张幻灯片→光标定位在"单击此处添加备注处"输入内容"本款小菜适用于高血脂、高血压、动脉硬化、冠心病、糖尿病患者及亚健康人士食用。"，如图 5-38 所示。

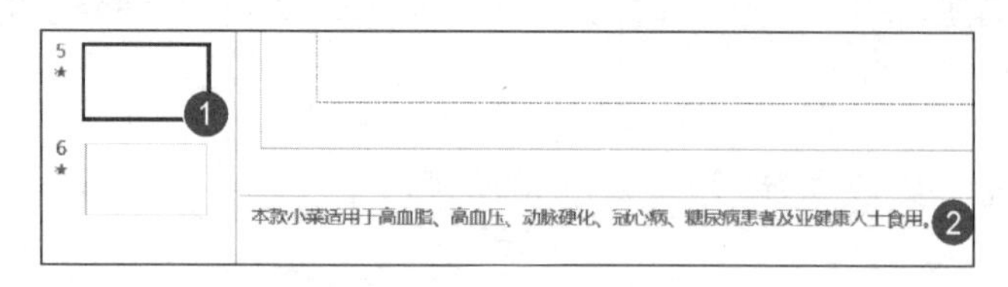

图 5-38　幻灯片备注

第6章　选择题专题

6.1 计算机基础知识　　难度系数★★☆☆☆

6.1.1　计算机的发展

001.电子计算机简介

第二次世界大战期间，美国为了解决新武器研制中弹道轨迹计算的问题而组织科技人员开始研究电子计算机。该计算机于1946年在宾夕法尼亚大学研制成功，被称为电子数字积分计算机(Electronic Numerical Integrator And Calculator)，简称ENIAC。

ENIAC的诞生标志了计算机时代的到来。所以，ENIAC被认为是世界上第一台现代意义的计算机。

ENIAC本身存在两个缺点：一是没有存储器；二是用布线接板进行控制，电路连线烦琐耗时。

不久之后，ENIAC项目组的一个研究员冯·诺依曼开始研制自己的EDVAC(Electronic Discrete Variable Automatic Computer)，他的计算机引进了两个重要的概念：

(1)二进制：计算机的程序和程序运行所需要的数据以二进制表示。

(2)存储程序：程序和数据存放在存储器中。

根据冯·诺依曼的原理和设想，计算机必须由输入、存储、运算、控制和输出5个部分组成。

冯·诺依曼对ENIAC进行了重大改革，成为现代计算机的基本雏形。今天计算机的基本结构仍采用冯·诺依曼提出的体系结构，所以人们称这种设计的计算机为冯·诺依曼机，冯·诺依曼也被誉为“现代电子计算机之父”。

计算机发展的四个阶段，如表 6-1 所示。

表 6-1　计算机发展的四个阶段

部件 阶段	时间	主要元器件
第一阶段	1946—1959 年	电子管
第二阶段	1959—1964 年	晶体管
第三阶段	1964—1972 年	中小规模集成电路
第四阶段	1972 年至今	大规模、超大规模集成电路

002.计算机的应用

计算机的应用：科学计算、数据/信息处理、过程控制、计算机辅助、网络通信、人工智能、多媒体应用。

各类计算机辅助简称，如表 6-2 所示。

表 6-2　计算机辅助简称

简称	对应名称
CAD	计算机辅助设计
CAM	计算机辅助制造
CIMS	计算机集成制造系统
CAI	计算机辅助教育

【真题演练】

1.世界上第一台计算机是 1946 年美国研制成功的，该计算机的英文缩写名为(　　)。

A.MARK-II　　B.ENIAC　　C.EDSAC　　D.EDVAC

2.按电子计算机传统的分代方法，第一代至第四代计算机依次是(　　)。

A.机械计算机，电子管计算机，晶体管计算机，集成电路计算机

B.晶体管计算机,集成电路计算机,大规模集成电路计算机,光器件计算机

C.电子管计算机,晶体管计算机,小、中规模集成电路计算机,大规模和超大规模集成电路计算机

D.手摇机械计算机,电动机械计算机,电子管计算机,晶体管计算机

3.下列的英文缩写和中文名字的对照中,错误的是(　　)。

A.CAD—计算机辅助设计

B.CAM—计算机辅助制造

C.CIMS—计算机集成管理系统

D.CAI—计算机辅助教育

4.Internet 最初创建时的应用领域是(　　)。

A.经济　　B.军事　　C.教育　　D.外交

参考答案:BCCB

6.1.2　信息的表示与存储

001.计算机中的数据单位

数据是对客观事物的符号表示,例如:数值、文字、语言、图形、图像等都是不同形式的数据。计算机中最小的单位是位,存储容量的基本单位是字节,8 个二进制位称为 1 个字节。

位:在数字电路和计算机技术中采用二进制表示数据,代码只有"0"和"1",采用多个数码(0 和 1 的组合)来表示一个数,其中的每一个数码称为 1 位。

字节:一个字节由 8 个二进制数字组成,存储容量统一以"字节"为单位,而不是以"位"为单位,字节之间的转换关系如下。

千字节 1KB=1024B=2^{10}B

兆字节 1MB=1024KB=2^{20}B

吉字节 1GB=1024MB=2^{30}B

太字节 1TB=1024GB=2^{40}B

字长:字长是 CPU 的主要技术指标之一,指的是 CPU 一次能并行处理的二进制位数,字长总是 8 的整数倍。字长是计算机的一个重要指标,直接反应一台计算机的计算能力和计算精度。字长越长,计算机的数据处理速度越快。

002.进位计数制

计算机中常用的几种进位计数制的表示,如表 6-3 所示。

表 6-3　常用的进制计数制表示

进制位	基数	基本符号	形式表示
二进制	2	0,1	B
八进制	8	0,1,2,3,4,5,6,7	O
十进制	10	0,1,2,3,4,5,6,7,8,9	D
十六进制	16	0,1,2,3,4,5,6,7,8,9,A,B,C,D,E,F	H

003.进制转换

二进制位数较多,所以需要在各种进制之间进行转换。最常用的进制有:二进制,八进制,十进制和十六进制。二进制数据是用“0”和“1”两个数码来表示的数。它的基数为 2,进位规则是“逢二进一”。八进制数由 0～7 的 8 个数字字符组成,进位规则是“逢八进一”。十六进制数由 0～9 的 10 个数字字符和 A～F 的 6 个字母字符组成(共 16 种字符),进位规则是“逢十六进一”。其中 A、B、C、D、E、F 分别对应 10、11、12、13、14、15。

区分不同进制的方法通常是在进制数字后面加字母,常在二进制后面加字母“B”,在八进制数后加字母“Q”,在十六进制数后加字母“H”。例如:1011B 表示二进制的 1011,26Q 表示八进制的 26。

十进制转换为二进制:转换方法为十进制数除 2 取余。即十进制数除 2,余数为权位上的数,得到的商值继续除 2,直到商值为 0 为止,如图 6-1 所示。

除数	被除数/商		余数	
2	170			
2	85	…………	0	170/2商为85，余0
2	42	…………	1	85/2商为42，余1
2	21	…………	0	42/2商为21，余0
2	10	…………	1	21/2商为10，余1
2	5	…………	0	10/2商为5，余0
2	2	…………	1	5/2商为2，余1
2	1	…………	0	2/2商为1，余0
	0	…………	1	1/2商为0，余1

从最后一个余数读到第一个余数

170的二进制就是：10101010

图 6-1　十进制转换为二进制

特别提醒：无符号的二进制转换之后直接取余即可，有符号的二进制转换后取余需在最前面补 0，例如十进制 170 的无符号二进制为 10101010，有符号二进制为 010101010。

二进制转换为十进制：二进制转换为十进制其实就是十进制转换为二进制数的逆过程，如图 6-2 所示。

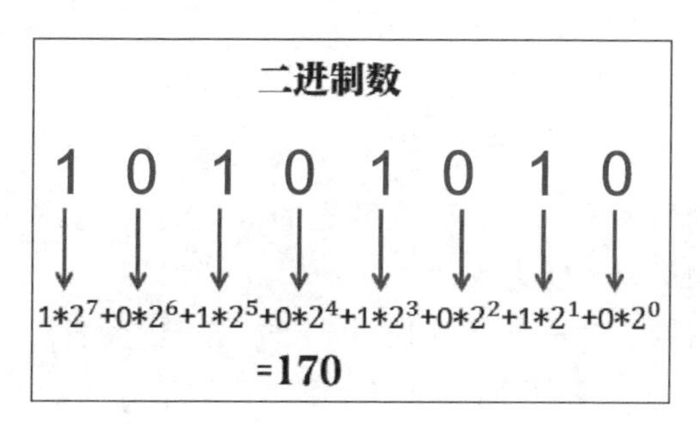

图 6-2　二进制转换为十进制

【真题演练】

1.1GB 的准确值是(　　)。

A.1024×1024 Bytes　　B.1024 KB

C.1024 MB　　D.1000×1000 KB

2.字长是 CPU 的主要技术性能指标之一，它表示的是(　　)。

A.CPU 的计算结果的有效数字长度

B.CPU 一次能处理二进制数据的位数

C.CPU 能表示的最大的有效数字位数

D.CPU 能表示的十进制整数的位数

3.十进制数 121 转换成无符号二进制整数是(　　)。

A.1111001　　B.111001　　C.1001111　　D.100111

4.按照数的进位制概念,下列各个数中正确的八进制数是(　　)。

A.1101　　B.7081　　C.1109　　D.B03A

5.在不同进制的四个数中,最小的一个数是(　　)。

A.11011001(二进制)　　B.75(十进制)

C.37(八进制)　　D.2A(十六进制)

6.十进制数 18 转换成有符号的二进制数是(　　)。

A.010101　　B.101000　　C.010010　　D.001010

7.用 8 位二进制数能表示的最大的无符号整数等于十进制整数(　　)。

A.255　　B.256　　C.128　　D.127

答案:CBAACCA

6.1.3　字符的编码

字符包括西文字符(字母、数字、各种符号)和中文字符。由于计算机是以二进制的形式存储和处理数据的,因此字符也必须按特定的规则进行二进制编码才能进入计算机。

国际通用的是 7 位 ASCII 码,用 7 位二进制数表示一个字符的编码,共有 $2^7=128$ 个不同的编码值,相应可以表示 128 个不同字符的编码。

94 个可打印字符称为图形字符,小写字母比大写字母的码值大 32。

计算机内部用一个字节(8 个二进制位)存放一个 7 位 ASCII 码,最高位为 0。

各种字符 ASCII 码的大小关系:控制字符＜空格＜数字字符＜大写字母＜小写字母。

数字字符的 ASCII 码是按照 0～9 逐一递增的,大写字母的 ASCII

码是按照A～Z逐一递增的，小写字母的ASCII码是按照a～z逐一递增的。

001.汉字的编码

在GB 2312—80中的6763个汉字分为94行、94列，代码表分94个区(行)和94个位(列)。由区号(行号)和位号(列号)构成了区位码。区位码最多可以表示94×94=8836个汉字。

由于1B(8b)只能表示256种编码，不足以表示6763个汉字的，所以一个国标码需要两个字节来表示，每个字节的最高位为0。

002.汉字的处理过程

在需要输出一个汉字时，首先要根据该汉字的机内码找出其字模信息在汉字库中的位置，然后取出该汉字的字模信息在屏幕上显示或打印出来。汉字通常是以点阵形式形成字形，因此要对汉字进行点阵式的编码。

汉字的国际码与其内码的关系是:汉字码=汉字国际码+8080H。

【真题演练】

1.标准的ASCII码用7位二进制位表示，可表示不同的编码个数是(　　)。

A.127　　B.128　　C.255　　D.256

2.在下列字符中，其ASCII码值最大的一个是(　　)。

A.Z　　B.9　　C.空格字符　　D.a

3.下列4个4位十进制数中，属于正确的汉字区位码的是(　　)。

A.5601　　B.9596　　C.9678　　D.8799

4.已知汉字的国标码是5E38H，则其内码是(　　)。

A.DEB8H　　B.DE38H　　C.5EB8H　　D.7E58H

5.已知英文字母m的ASCII码值为6DH，那么ASCII码值为71H的英文字母是(　　)。

A.M　　B.j　　C.P　　D.q

参考答案:BDAAD

6.1.4 媒体的数字化

001.声音

量化位数:表示采样点幅值的二进制位数。

量化位数越大,采集到的样本精度就越高,声音的质量越高。但量化位数越多,需要的存储空间也就越多。

编码是将量化的结果用二进制数的形式表示。

音频文件数据量的计算公式为:音频数据量(B)=采样时间(s)×采样频率(Hz)×量化位数(b)×声道数/8。

例如:计算 3min 双声道、16 位量化位数、44.1kHz 采样频率声音不压缩的数据量为多少?

音频数据量=3×60×16×44100×2/8=3175200B≈30.28MB

002.声音图像文件格式

存储声音信息的文件格式:.wav、.mp3、.voc 文件等。

图像文件格式:.bmp、.gif、.tiff、.png、.wmf、.dxf 等。

视频文件格式:.avi、.mov 等。

文本文件格式:.txt 等。

【真题演练】

1.一般说来,数字化声音的质量越高,则要求(　　)。

A.量化位数越少、采样率越低　　B.量化位数越多、采样率越高

C.量化位数越少、采样率越高　　D.量化位数越多、采样率越低

2.以 avi 为扩展名的文件通常是(　　)。

A.文本文件　　B.音频信号文件

C.图像文件　　D.视频信号文件

3.若对音频信号以 10kHz 采样率、16 位量化精度进行数字化,则每分钟的双声道数字化声音信号产生的数据量约为(　　)。

A.1.2MB　　B.1.6MB　　C.2.4MB　　D.4.8MB

参考答案:BDC

6.1.5　计算机病毒

当前，计算机安全的最大威胁是计算机病毒。计算机病毒实质上是一种特殊的计算机程序。这种程序具有自我复制能力，可非法入侵并隐藏在存储媒体中的导引部分、可执行于程序或数据文件中。

001.计算机病毒

计算机病毒实质上是一种特殊的计算机程序。这种程序具有自我复制能力，可非法入侵并隐藏在存储媒体中的导引部分、可执行在程序或数据文件中。

计算机病毒的特征：计算机病毒一般具有寄生性、破坏性、传染性、潜伏性和隐蔽性的特征。

计算机病毒的分类，如表 6-4 所示。

表 6-4　计算机病毒的分类

病毒类型	特征
引导区型病毒	引导区型病毒是通过读 U 盘、光盘及各种移动存储介质感染引导区域病毒，感染硬盘的主引导记录。
文件型病毒	文件型病毒感染后缀为“.exe”、“.com”、“.sys”等的可执行文件。
混合型病毒	混合型病毒既可以感染磁盘的引导区，也可以感染可执行文件，该种病毒兼有上述两类病毒的特点，增加了病毒的传染性及存活率，也最难被杀灭。
宏病毒	只感染 Microsoft word 文档文件(DOC)和模板文件(DOT)，与操作系统没有特别的关联。
网络病毒	网络病毒大多通过 E-mail 传播，蠕虫病毒是网络病毒的典型代表。

002.计算机病毒的清除

用反病毒软件消除病毒是当前比较流行的做法。它既方便又安全，一般不会破坏系统中的正常数据。通常，反病毒软件只能检测出已知的病毒并消除它们，不能检测出新的病毒或病毒的变种。所以，各种反病毒软件的开发并不是一劳永逸的，而要随着新病毒的出现而不断升级。

003.计算机病毒的预防

(1)安装有效的杀毒软件并定期升级，经常全盘查毒、杀毒。

(2)扫描系统漏洞，及时更新系统补丁。

(3)移动储存介质如 U 盘、移动硬盘，先用杀毒软件检测后使用。

(4)分类管理数据。对各类数据、文档和程序分类备份保存。

(5)尽量使用有杀毒功能的电子邮箱，尽量不要打开来路不明的电子邮件。

(6)浏览网页、下载文件时要选择正规的网站。

(7)关注目前流行病毒的感染途径、发作形式及防范方法，做到预先防范，感染后及时查毒、避免遭受更大的损失。

(8)修改计算机安全的相关设置：如管理系统账户、创建密码、权限管理、禁用 Guest 账户、禁用远程功能、关闭不需要的系统服务、修改 IE 浏览器的相关设置等。

004.计算机病毒感染的常见症状

(1)磁盘文件数目无故增多。

(2)系统的内存空间明显减小。

(3)文件的日期/时间值被修改成新近的日期。

(4)感染病毒后的可执行文件的长度会明显增加。

(5)正常情况下可以运行的程序执行时间突然因内存不足而不能运行。

(6)程序加载时间或程序执行时间比正常的明显变长。

(7)机器经常出现死机现象或不能正常启动。

(8)显示器上经常出现一些莫名其妙的信息或异常现象。

【真题演练】

1.通常所说的“宏病毒”感染的文件类型是(　　)。

A.COM　　B.DOC　　C.EXE　　D.TXT

2.蠕虫病毒属于(　　)。

A.宏病毒　　B.网络病毒

C.混合型病毒　　D.文件型病毒

3.随着 Internet 的发展,越来越多的计算机感染病毒的可能途径之一是(　　)。

A.从键盘上输入数据

B.通过电源线

C.所使用的光盘表面不清洁

D.通过 Internet 的 E-mail,附着在电子邮件的信息中

4.下列关于计算机病毒的叙述中,错误的是(　　)。

A.计算机病毒具有潜伏性

B.计算机病毒具有传染性

C.感染过计算机病毒的计算机具有对该病毒的免疫性

D.计算机病毒是一个特殊的寄生程序

5.下列关于计算机病毒的叙述中,正确的是(　　)。

A.反病毒软件可以查、杀任何种类的病毒

B.计算机病毒是一种被破坏了的程序

C.反病毒软件必须随着新病毒的出现而升级,提高查、杀病毒的功能

D.感染过计算机病毒的计算机具有对该病毒的免疫性

6.计算机病毒是指能够侵入计算机系统并在计算机系统中潜伏、传播,破坏系统正常工作的一种具有繁殖能力的(　　)。

A.流行性感冒病毒　　B.特殊小程序

C.特殊微生物　　D.源程序

参考答案:BBDCCB

6.2 计算机系统　　难度系数★★☆☆☆

6.2.1　运算器

按照冯・诺依曼原理,计算机硬件由运算器、控制器、存储器、输入设备和输出设备 5 个部分组成。其中,运算器和控制器是计算机的核心部件,这两部分合称中央处理器,简称 CPU。

运算器的功能:对二进制数码进行算术运算或逻辑运算。

【真题演练】

1.构成 CPU 的主要部件是(　　)。

A.内存和控制器　　B.内存和运算器

C.控制器和运算器　　D.内存、控制器和运算器

2.下列叙述中,正确的是(　　)。

A.CPU 能直接读取硬盘上的数据

B.CPU 能直接存取内存储器上的数据

C.CPU 由存储器、运算器和控制器组成

D.CPU 主要用来存储程序和数据

参考答案:CB

6.2.2 控制器

控制器负责统一控制计算机,指挥计算机的各个部件自动、协调一致地进行工作。

为了让计算机按照人们的要求正确的运行,必须设计一系列计算机可以识别和执行的命令——机器指令。

机器指令是一个按照一定格式构成的二进制代码串,用于描述一个计算机可以理解并执行的基本操作。计算机只能执行命令,它被指令所控制。机器指令通常由操作码和操作数两部分组成。

【真题演练】

1.用来控制、指挥和协调计算机各部件工作的是(　　)。

A.运算器　　B.鼠标器　　C.控制器　　D.存储器

参考答案:C

6.2.3 存储器

001.内存

存储器分内存储器和外存储器两大类。内存储器又分为随机存储器(RAM)和只读存储器(ROM)。RAM 分静态 RAM(SRAM)和动态 RAM(DRAM)两大类。

RAM不但可以进行读操作，而且可以进行写操作，但在断电后其中的信息全部消失。

ROM中存放的信息只读不写，里面一般存放由计算机制造厂商写入并经固定化处理的系统管理程序。

CPU对只读存储器(ROM)只取不存，即使断电ROM中的信息也不会丢失。

002.外存

外存可存放大量程序和数据，且断电后数据不会丢失。外存中数据被读入内存后，才能被CPU读取，CPU不能直接访问外存。计算机常用的外存有硬盘、光盘、U盘等。

硬盘：是微型计算机上主要的外部存储设备。

光盘：光盘分为两类，一类是只读型光盘；另一类是可记录型光盘。

只读型光盘包括CD-ROM和DVD－ROM等，它们是用一张母盘压制而成的。上面的数据只能被读取不能被写入或修改。其中CD-R是一次性写入光盘，它只能被写入一次，写完后数据便无法再被改写，但可以被多次读取。CD-RW是可擦写型光盘。

【真题演练】

1.当电源关闭后，下列关于存储器的说法中，正确的是(　　)。

A.存储在RAM中的数据不会丢失

B.存储在ROM中的数据不会丢失

C.存储在U盘中的数据会全部丢失

D.存储在硬盘中的数据会丢失

2.把内存中数据传送到计算机的硬盘上的操作称为(　　)。

A.显示　　B.写盘　　C.输入　　D.读盘

3.对CD-ROM可以进行的操作是(　　)。

A.读或写　　B.只能读不能写

C.只能写不能读　　D.能存不能取

4.在CD光盘上标记有“CD-RW”字样，“RW”标记表明该光盘是(　　)。

A.只能写入一次，可以反复读出的一次性写入光盘

B.其驱动器单倍速为 1350KB/S 的高密度可读写光盘

C.只能读出,不能写入的只读光盘

D.可多次擦除型光盘

参考答案:BBBD

6.2.4 输入/输出设备

常用的输入设备:键盘、鼠标、触摸屏、摄像头、扫描仪、光笔、手写输入板、语音输入装置,还有脚踏鼠标、手触输入、传感等。

常见的输出设备:显示器、打印机、绘图仪、影像输出系统、语音输出系统、磁记录设备等。

其他输入/输出设备:不少设备同时集成了输入/输出设备,调制解调器是实现数字信号和模拟信号相互转换的设备。例如,当个人计算机通过电话线路连入 Internet 网时,发送方的计算机发出的数字信号,要通过调制解调器转换成模拟信号在电话网上传输,接收方的计算机则要通过调制解调器,将传输过来的模拟信号转换成数字信号。输入/输出设备简称 I/O 设备。

【真题演练】

1.下列设备组中,完全属于输入设备的一组是(　　)。

A.CD-ROM 驱动器,键盘,显示器

B.绘图仪,键盘,鼠标器

C.键盘,鼠标器,扫描仪

D.打印机,硬盘,条码阅读器

2.下列设备组中,完全属于计算机输出设备的一组是(　　)。

A.喷墨打印机,显示器,键盘

B.激光打印机,键盘,鼠标器

C.键盘,鼠标器,扫描仪

D.打印机,绘图仪,显示器

3.下列选项中,既可作为输入设备又可作为输出设备的是(　　)。

A.扫描仪　　　　B.绘图仪

C.鼠标器　　　　D.磁盘驱动器

参考答案:CDD

6.3 总线结构　　难度系数★☆☆☆☆

现代计算机普遍采用总线结构。所谓总线，就是系统部件之间传递信息的公共通道，各部件由总线连接并通过它传递数据和控制信号。

6.3.1　总线结构分类

数据总线、地址总线、控制总线。

数据总线是CPU和主存储器、I/O接口之间双向传送数据的通道，通常与CPU的位数相对应。地址总线用于传送地址信息，地址是识别存放信息位置的编号。地址总线的位数决定了CPU可以直接寻址的内存范围。

【真题演练】

1.计算机的系统总线是计算机各部件间传递信息的公共通道，它分为(　　)。

A.数据总线和控制总线

B.地址总线和数据总线

C.数据总线、控制总线和地址总线

D.地址总线和控制总线

参考答案:C

6.4 计算机的软件系统　　难度系数★★☆☆☆

计算机系统由硬件系统和软件系统组成。

6.4.1　软件概念

软件是用户与硬件之间的接口，用户通过软件使用计算机硬件资源。

6.4.2　程序设计语言

机器语言:机器语言是直接用二进制代码指令表达的计算机语言。而且是唯一能被计算机硬件系统理解和执行的语言。因此，它的处理效率最高，执行速度最快。

汇编语言:计算机无法自动识别和执行汇编语言，必须进行翻译，即使用语言处理软件将汇编语言编译成机器语言。

高级语言:用高级语言编写的源程序在计算机中是不能直接执行的,必须翻译成机器语言程序。通常有两种翻译方式:编译方式和解释方式。目前常用的高级语言有 C++、C、Java、Visual Basic 等。

编译方式是将高级语言源程序整个编译成目标程序,然后通过链接程序将目标程序链接成可执行程序的方式。

【真题演练】

1.关于汇编语言程序(　　)。

A.相对于高级程序设计语言程序具有良好的可移植性

B.相对于高级程序设计语言程序具有良好的可读性

C.相对于机器语言程序具有良好的可移植性

D.相对于机器语言程序具有较高的执行效率

2.在各类程序设计语言中,相比较而言,执行效率最高的是(　　)。

A.高级语言编写的程序　　B.汇编语言编写的程序

C.机器语言编写的程序　　D.面向对象的语言编写的程序

3.把用高级程序设计语言编写的源程序翻译成目标程序(.OBJ)的程序称为(　　)。

A.汇编程序　　B.编辑程序

C.编译程序　　D.解释程序

参考答案:CCC

6.4.2　软件系统及其组成

计算机软件分为系统软件和应用软件两大类。

001.系统软件

操作系统:系统软件中最主要的是操作系统,它是最底层的软件,是计算机裸机与应用程序及用户之间的桥梁。常用的操作系统有:"Windows"、"Unix"、"Linux"、"DOS"、"MacOS"等。

语言处理系统:语言处理系统的主要功能是把用户软件语言书写的各种源程序转换成可为计算机识别和运行的目标程序,从而获得预期结果。语言处理系统主要包括机器语言、汇编语言、高级语言。

002.应用软件

办公软件:办公软件是日常办公需要的一些软件,常见的办公软件套件包括微软公司的 Microsoft Office 和金山公司的 WPS。

多媒体处理软件:多媒体处理软件主要包括图形处理软件、图像处理软件、动画制作软件、音/视频处理软件、桌面排版软件等。

Internet 工具软件:基于 Internet 环境的应用软件,如 Web 服务软件、Web 浏览器、文件传送工具 FIP、远程访问工具 Telnet 等。

【真题演练】

1.下列各组软件中,属于应用软件的一组是(　　)。

A.Windows XP 和管理信息系统

B.Unix 和文字处理程序

C.Linux 和视频播放系统

D.Office 2003 和军事指挥程序

2.以下名称是手机中的常用软件,属于系统软件的是(　　)。

A.手机 QQ　　B.android　　C.Skype　　D.微信

3.在所列出的:1、字处理软件,2、Linux,3、Unix,4、学籍管理系统,5、Windows XP 和 6、Office 2003 等六个软件中,属于系统软件的有(　　)。

A.1,2,3　　B.2,3,5

C.1,2,3,5　　D.全部都不是

参考答案:DBB

6.5 操作系统　　难度系数★★☆☆☆

操作系统负责管理计算机中各种软硬件资源并控制各类软件运行,用户通过使用操作系统提供的命令和交互功能实现对计算机的操作。

6.5.1　操作系统特征

并发、共享、虚拟、异步;其中最基本的特征是并发、共享。

在“Windows”、“Unix”、“Linux”等操作系统中，用户可以实时查看到当前正在执行的进程。

6.5.2 操作系统的功能

操作系统管理的硬件资源有 CPU、内存、外存和输入/输出设备，操作系统管理的软件资源为文件。

6.5.3 操作系统的种类

单用户操作系统：微型计算机的 DOS、Windows 操作系统就属于单用户操作系统。

Unix 操作系统：具有多用户、多任务的特点，支持多种处理器架构。

Windows 操作系统：单一用户多任务操作系统。

【真题演练】

1.下列软件中，不是操作系统的是(　　)。

A.Linux　　B.UNIX

C.MS DOS　　D.MS-Office

2.微机上广泛使用的 Windows 是(　　)。

A.多任务操作系统　　B.单任务操作系统

C.实时操作系统　　D.批处理操作系统

3.下面关于操作系统的叙述中，正确的是(　　)。

A.操作系统是计算机软件系统中的核心软件

B.操作系统属于应用软件

C.Windows 是 PC 机唯一的操作系统

D.操作系统的五大功能是：启动、打印、显示、文件存取和关机

参考答案：DAA

6.6 计算机网络　　难度系数★★☆☆☆

6.6.1 数据通讯

001.传输速率

数据传输速率是描述数据传输系统的重要技术指标之一。数据传

输速率在数值上,等于每秒钟传输构成数据代码的二进制比特数,它的单位为比特/秒(bit/second)通常记作bps、kbps、Mbps、Gbps与Tbps,其含义是二进制位/秒。

【真题演练】

1.计算机网络中传输介质传输速率的单位是bps,其含义是( )。

A.字节/秒　　B.字/秒

C.字段/秒　　D.二进制位/秒

参考答案:D

6.6.2 计算机网络分类

计算机网络分为三种:局域网、域域网和广域网。

局域网(LAN):以太网就是常见的局域网。局域网传输效率高,一般在10Mbps～10Gbps。(bps表示每秒传输的比特数;该值除以8才是每秒传输的字节数)。例如:办公室网络、企业与学校的局域网、机关和工厂的局域网等。以太网就是常见的局域网。

域域网(MAN):城域网介于局域网与广域网之间,可满足几十公里范围之内的大量企业、学校、公司等多个局域网互连。

广域网(WAN):广域网又称为远程网,覆盖范围从几十公里到几千公里。采用的广泛交换技术是分组交换,是以分组为单位进行传输和交换。

【真题演练】

1.在计算机网络中,英文缩写WAN的中文名是( )。

A.局域网　　B.无线网　　C.广域网　　D.城域网

2.局域网硬件中主要包括工作站、网络适配器、传输介质和( )。

A.Modem　　B.交换机　　C.打印机　　D.中继站

3.广域网中采用的交换技术大多是( )。

A.电路交换　　B.报文交换

C.分组交换　　D.自定义交换

4.计算机网络分为局域网、城域网和广域网,下列属于局域网的是(　　)。

A.ChinaDDN 网　　B.Novell 网

C.Chinanet 网　　D.Internet

参考答案:CBCB

6.6.3　网络拓扑结构

星型拓扑:星型拓扑是指每个节点都与中心节点相连,任何两个节点之间的通信都要通过中心节点。

环型拓扑:环型拓扑是指各个节点通过中继器连接到一个闭合的环路上,环中的数据沿一个方向传输。环型拓扑结构简单,成本低。

总线型拓扑:总线型拓扑是指各个节点由一根总线相连,数据在总线上由一个节点传向另一个节点,在线路两端连有防止信号反射的装置。节点加入或退出网络都非常方便,可靠性较高且结构简单、成本低,这种结构是局域网普遍采用的形式。

树型拓扑:树型拓扑是指节点按层次连接,像树一样,有根节点、分支、叶子节点等。

网状拓扑:网状拓扑节点连接是任意的。网状拓扑系统可靠性高,广域网基本采用网状拓扑结构。

【真题演练】

1.计算机网络中,若所有的计算机都连接到一个中心节点上,当一个网络节点需要传输数据时,首先传输到中心节点上,然后由中心节点转发到目的节点,这种连接结构称为(　　)。

A.总线结构　　B.环型结构　　C.星型结构　　D.网状结构

2.以太网的拓扑结构是(　　)。

A.星型　　B.总线型　　C.环型　　D.树型

3.若网络的各个节点均连接到同一条通信线路上,且线路两端有防止信号反射的装置,这种拓扑结构称为(　　)。

A.总线型拓扑　　B.星型拓扑　　C.树型拓扑　　D.环型拓扑

参考答案:CBA

6.6.4　IP地址和域名工作原理

001.IP地址

IP地址是TCP/IP协议中所使用的互联层地址标识。为了便于管理和配置，将每个IP地址分为四段(一个字节为一段)，每一段用一个十进制数来表示，段和段之间用圆点隔开。可见，每个段的十进制数范围是0～255。

002.域名

域名是由一串用圆点分隔的字符组成的名字代替IP地址。为了避免重名，域名采用层次结构，各层次的子域名之间用"."隔开。从右至左分别是第一级域名，第二级域名……，直至主机名。其结构如下：主机名.….…第二域级名.第一域级名。

常用一级域名的代码标准，如表6-5所示。

表6-5　常用的一级域名的代码标准

域名代码	意义	域名代码	意义
com	商业组织	net	网络支持中心
edu	教育机构	org	社会团体或非盈利组织
gov	政府机关	ac	科研院及科技管理部门
mil	军事部门	int	国际组织

003.DNS原理

从域名到IP地址或者从IP地址到域名的转换由域名解析服务器DNS完成。

【真题演练】

1.下列各项中，非法的Internet的IP地址是(　　)。

A.202.96.12.14　　B.202.196.72.140

C.112.256.23.8　　D.201.124.38.79

2.域名 ABC. XYZ. COM. CN 中主机名是(　　)。

A.ABC　　B.XYZ　　C.COM　　D.CN

3.根据 Internet 的域名代码规定,域名中的(　　)表示商业组织的网站。

A.net　　B.com　　C.gov　　D.org

4.Internet 中,用于实现域名和 IP 地址转换的是(　　)。

A.SMTP　　B.DNS　　C.Ftp　　D.Http

参考答案:CABB

6.6.5　接入因特网

001.ADSL

目前用电话线接入因特网的主流技术是 ADSL(非对称数字用户线路),采用 ADSL 接入因特网,除了一台带有网卡的计算机和一条直拨电话线外,还需向电信部门申请 ADSL 业务。

002.ISP

要接入因特网,寻找一个合适的 Internet 服务提供商(ISP)是非常重要的。

003.无线连接

无线局域网的构建不需要布线,因此提供了极大的便捷,省时省力,并且在网络环境发生变化、需要更改的时候,也易于更改维护。

【真题演练】

1.在因特网技术中,缩写 ISP 的中文全名是(　　)。

A.因特网服务提供商　　B.因特网服务产品

C.因特网服务协议　　D.因特网服务程序

2.以下上网方式中采用无线网络传输技术的是(　　)。

A.ADSL　　B.WiFi

C.拨号接入　　D.全部都是

参考答案:AB

6.6.6　Internet 应用

万维网(WWW):是建立在 Internet 上的一种实现信息浏览查询的网络服务,WWW 网站中包含许多网页(又称为 Web 页),网页是用超文本标记语言编写的,并在 HTTP 支持下运行。

统一资源定位器:WWW 用统一资源定位器来描述 Web 网页的地址和访问它时所用的协议。

浏览器:浏览器是用于使用 WWW 的工具,安装在用户端的机器上,是一种客户软件。是用户与 WWW 之间的桥梁。

FTP 文件传输:FTP 即文件传输协议,可以在 Internet 上将文件从一台计算机传送到另一台计算机。

电子邮件:电子邮件的格式＜用户标识＞@＜主机域名＞。它由收件人用户标识(如姓名或缩写)、字符"@"和电子邮箱所在计算机的域名三部分组成。地址中间不能有空格或逗号。

要使用电子邮件服务,首先要拥有一个电子邮箱,每个电子邮箱都有一个唯一可识别的电子邮件地址。

【真题演练】

1.从网上下载软件时,使用的网络服务类型是(　　)。

A.文件传输　　B.远程登陆　　C.信息浏览　　D.电子邮件

2.在 Internet 上浏览时,浏览器和 WWW 服务器之间传输网页使用的协议是(　　)。

A.Http　　B.IP　　C.Ftp　　D.Smtp

3.假设邮件服务器的地址是 email.bj163.com,则用户的正确的电子邮箱地址的格式是(　　)。

A.用户名#email. bj163. com

B.用户名@email. bj163. com

C.用户名&email. bj163. com

D.用户名$email. bj163. com

4.下列关于电子邮件的说法,正确的是(　　)。

A.收件人必须有 E-mail 地址,发件人可以没有 E-mail 地址

B.发件人必须有 E-mail 地址,收件人可以没有 E-mail 地址

C.发件人和收件人都必须有 E-mail 地址

D.发件人必须知道收件人的邮政编码

参考答案:AABC

6.6.7 传输介质

传输介质:常用的传输介质有同轴电缆、双绞线和光缆。

对抗辐射干扰的能力来讲,光缆最强,同轴电缆次之,双绞线最差;从对抗传导干扰的能力来讲,光缆最强,同轴电缆和双绞线不好区分,取决于电缆连接设备的抗干扰能力。总的来讲,光缆的抗干扰能力最强,几乎不受干扰信号的影响,

【真题演练】

1.在下列网络的传输介质中,抗干扰能力最好的一个是(　　)。

A.光缆　　B.同轴电缆　　C.双绞线　　D.电话线

2.计算机网络中常用的有线传输介质有(　　)。

A.双绞线,红外线,同轴电缆　　B.激光,光纤,同轴电缆

C.双绞线,光纤,同轴电缆　　D.光纤,同轴电缆,微波

参考答案:AC

6.7 典型真题　　难度系数★★☆☆☆

6.7.1 典型真题一

1.局域网硬件中主要包括工作站、网络适配器、传输介质和(　　)。

A.Modem　　B.交换机　　C.打印机　　D.中继站

2.下列各选项中,不属于 Internet 应用的是(　　)。

A.新闻组　　B.远程登录　　C.网络协议　　D.搜索引擎

3.Internet 是目前世界上第一大互联网,它起源于美国,其雏形是(　　)。

A.CERNET 网　　B.NCPC 网

C.ARPANET 网　　D.GBNKT 网

4.电子计算机最早的应用领域是(　　)。

A.数据处理　　B.科学计算

C.工业控制　　D.文字处理

5.“铁路联网售票系统”,按计算机应用的分类,它属于(　　)。

A.科学计算　　B.辅助设计

C.实时控制　　D.信息处理

6.在计算机中,组成一个字节的二进制位位数是(　　)。

A.1　　B.2　　C.4　　D.8

7.下列叙述中,正确的是(　　)。

A.C++是一种高级程序设计语言

B.用 C++程序设计语言编写的程序可以无需经过编译就能直接在机器上运行

C.汇编语言是一种低级程序设计语言,且执行效率很低

D.机器语言和汇编语言是同一种语言的不同名称

8.以.jpg 为扩展名的文件通常是(　　)。

A.文本文件　　B.音频信号文件

C.图像文件　　D.视频信号文件

9.计算机病毒的危害表现为(　　)。

A.能造成计算机芯片的永久性失效

B.使磁盘霉变

C.影响程序运行,破坏计算机系统的数据与程序

D.切断计算机系统电源

10.下列说法正确的是(　　)。

A.CPU 可直接处理外存上的信息

B.计算机可以直接执行高级语言编写的程序

C.计算机可以直接执行机器语言编写的程序

D.系统软件是买来的软件,应用软件是自己编写的软件

11.对 CD-ROM 可以进行的操作是(　　)。

A.读或写　　B.只能读不能写

C.只能写不能读　　D.能存不能取

12.通常打印质量最好的打印机是(　　)。

A.针式打印机　　B.点阵打印机

C.喷墨打印机　　D.激光打印机

13.在所列出的:1.字处理软件,2.Linux,3.Unix,4.学籍管理系统,5.WindowsXP和 6.Office2003 等六个软件中,属于系统软件的有(　　)。

A.1,2,3　　B.2,3,5

C.1,2,3,5　　D.全部都不是

14.以下关于电子邮件的说法,不正确的是(　　)。

A.电子邮件的英文简称是 E-mail

B.加入因特网的每个用户通过申请都可以得到一个"电子信箱"

C.在一台计算机上申请的"电子信箱",以后只有通过这台计算机上网才能收信

D.一个人可以申请多个电子信箱

15.能保存网页地址的文件夹是(　　)。

A.收件箱　　B.公文包　　C.我的文档　　D.收藏夹

16.Modem 是计算机通过电话线接入 Internet 时所必需的硬件,它的功能是(　　)。

A.只将数字信号转换为模拟信号

B.只将模拟信号转换为数字信号

C.为了在上网的同时能打电话

D.将模拟信号和数字信号互相转换

17.计算机网络的主要目标是实现(　　)。

A.数据处理和网络游戏　　B.文献检索和网上聊天

C.快速通信和资源共享　　D.共享文件和收发邮件

18.操作系统中的文件管理系统为用户提供的功能是(　　)。

A.按文件作者存取文件　　B.按文件名管理文件

C.按文件创建日期存取文件　　D.按文件大小存取文件

19.英文缩写 CAI 的中文意思是(　　)。

A.计算机辅助教学　　B.计算机辅助制造

C.计算机辅助设计　　D.计算机辅助管理

20.操作系统管理用户数据的单位是(　　)。

A.扇区　　B.文件　　C.磁道　　D.文件夹

参考答案:

1-5:BCCBD　6-10:DACCC　11-15:BDBCD　16-20:DCBAB

6.7.2　典型真题二

1.世界上公认的第一台电子计算机诞生的年代是(　　)。

A.20 世纪 30 年代　　B.20 世纪 40 年代

C.20 世纪 80 年代　　D.20 世纪 90 年代

2.按电子计算机传统的分代方法,第一代至第四代计算机依次分别是(　　)。

A.机械计算机,电子管计算机,晶体管计算机,集成电路计算机

B.晶体管计算机,集成电路计算机,大规模集成电路计算机,光器件计算机

C.电子管计算机,晶体管计算机,小、中规模集成电路计算机,大规模和超大规模集成电路计算机

D.手摇机械计算机,电动机械计算机,电子管计算机,晶体管计算机

3.在微机的硬件设备中,有一种设备在程序设计中既可以当作输出设备,又可以当作输入设备,这种设备是(　　)。

A.绘图仪　　B.扫描仪

C.手写笔　　D.磁盘驱动器

4.设任意一个十进制整数为 D,转换成二进制数为 B。根据数制的概念,下列叙述中正确的是(　　)。

A.数字 B 的位数$<$数字 D 的位数

B.数字 B 的位数$\leqslant$数字 D 的位数

C.数字 B 的位数$\geqslant$数字 D 的位数

D.数字 B 的位数$>$数字 D 的位数

5.区位码输入法的最大优点是(　　)。

A.只用数码输入,方法简单、容易记忆

B.易记易用

C.一字一码,无重码

D.编码有规律,不易忘记

6.如果删除一个非零无符号二进制数尾部的 2 个 0,则此数的值为原数(　　)。

A.4 倍　　B.2 倍　　C.1/2　　D.1/4

7.解释程序的功能是(　　)。

A.解释执行汇编语言程序

B.解释执行高级语言程序

C.将汇编语言程序解释成目标程序

D.将高级语言程序解释成目标程序

8.实现音频信号数字化最核心的硬件电路是(　　)。

A.A/D 转换器　　B.D/A 转换器

C.数字编码器　　D.数字解码器

9.操作系统将 CPU 的时间资源划分成极短的时间片,轮流分配给各终端用户,使终端用户单独分享 CPU 的时间片,有独占计算机的感觉,这种操作系统称为(　　)。

A.实时操作系统　　B.批处理操作系统

C.分时操作系统　　D.分布式操作系统

10.下面关于随机存取存储器(RAM)的叙述中,正确的是(　　)。

A.RAM 分静态 RAM(SRAM)和动态 RAM(DRAM)两大类

B.SRAM 的集成度比 DRAM 高

C.DRAM 的存取速度比 SRAM 快

D.DRAM 中存储的数据无须“刷新”

11.下列各类计算机程序语言中,不属于高级程序设计语言的是(　　)。

A.VisualBasic 语言　　B.C＋＋语言

C.FORTAN 语言　　D.汇编语言

12.用“综合业务数字网”(又称“一线通”)接入因特网的优点是上网通话两不误,它的英文缩写是(　　)。

A.ADSL　　B.ISDN　　C.ISP　　D.TCP

13.写邮件时,除了发件人地址之外,另项必须要填写的是(　　)。

A.信件内容　　B.收件人地址

C.主题　　D.抄送

14.下列关于计算机病毒的描述,正确的是(　　)。

A.正版软件不会受到计算机病毒的攻击

B.光盘上的软件不可能携带计算机病毒

C.计算机病毒是一种特殊的计算机程序,因此数据文件中不可能

携带病毒

D.任何计算机病毒一定会有清除的办法

15.通常所说的“宏病毒”感染的文件类型是(　　)。

A.COM　　B.DOC　　C.EXE　　D.TXT

16.计算机的硬件主要包括:中央处理器(CPU)、存储器、输出设备和(　　)。

A.键盘　　B.鼠标器　　C.显示器　　D.输入设备

17.若网络的各个节点均连接到同一条通信线路上,且线路两端有防止信号反射的装置,这种拓扑结构称为(　　)。

A.总线型拓扑　　B.星型拓扑　　C.树型拓扑　　D.环型拓扑

18.在下列网络的传输介质中,抗干扰能力最好的一个是(　　)。

A.光缆　　B.同轴电缆　　C.双绞线　　D.电话线

19.办公室自动化(OA)是计算机的一项应用,按计算机应用的分类,它属于(　　)。

A.科学计算　　B.辅助设计　　C.实时控制　　D.信息处理

20.下列设备组中,完全属于输入设备的一组是(　　)。

A.CD-ROM 驱动器,键盘,显示器

B.绘图仪,键盘,鼠标器

C.键盘,鼠标器,扫描仪

D.打印机,硬盘,条码阅读器

参考答案:

1-5:BCDCC　6-10:DBACA　11-15:DBBDB　16-20:DAADC

6.7.3　典型真题三

1.在标准 ASCII 码表中,已知英文字母 D 的 ASCII 码是 68,英文字母 A 的 ASCII 码是(　　)。

A.64　　B.65　　C.96　　D.97

2.按照数的进位制概念,下列各个数中正确的八进制数是(　　)。

A.1101　　B.7081　　C.1109　　D.B03A

3.如果删除一个非零无符号二进制数尾部的 2 个 0,则此数的值为原数(　　)。

A.4 倍　　B.2 倍　　C.1/2　　D.1/4

4.下列的英文缩写和中文名字的对照中,正确的是(　　)。

A.CAD—计算机辅助设计　　B.CAM—计算机辅助教育

C.CIMS—计算机集成管理系统　D.CAI—计算机辅助制造

5.一个完整的计算机系统应该包括(　　)。

A.主机、键盘和显示器　　B.硬件系统和软件系统

C.主机和它的外部设备　　D.系统软件和应用软件

6.假设邮件服务器的地址是 email.bj163.com,则用户的正确的电子邮箱地址的格式是(　　)。

A.用户名#email. bj163. com　　B.用户名@email. bj163. com

C.用户名&email. bj163. com　　D.用户名$email. bj163. com

7.在外部设备中,扫描仪属于(　　)。

A.输出设备　B.存储设备　C.输入设备　D.特殊设备

8.下列设备组中,完全属于外部设备的一组是(　　)。

A.CD-ROM 驱动器,CPU,键盘,显示器

B.激光打印机,键盘,CD-ROM 驱动器,鼠标器

C.主存储器,CD-ROM 驱动器,扫描仪,显示器

D.打印机,CPU,内存储器,硬盘

9.以 avi 为扩展名的文件通常是(　　)。

A.文本文件　　B.音频信号文件

C.图像文件　　D.视频信号文件

10.下列关于指令系统的描述,正确的是(　　)。

A.指令由操作码和控制码两部分组成

B.指令的地址码部分可能是操作数,也可能是操作数的内存单元地址

C.指令的地址码部分是不可缺少的

D.指令的操作码部分描述了完成指令所需要的操作数类型

11.计算机内存中用于存储信息的部件是(　　)。

A.U 盘　B.只读存储器　C.硬盘　D.RAM

12.下列关于操作系统的描述,正确的是(　　)。

A.操作系统中只有程序没有数据

B.操作系统提供的人机交互接口其他软件无法使用

C.操作系统是一种最重要的应用软件

D.一台计算机可以安装多个操作系统

13.在计算机指令中，规定其所执行操作功能的部分称为(　　)。

A.地址码　　B.源操作数　　C.操作数　　D.操作码

14.域名 AB　　C. XYZ. CoM. CN 中主机名是(　　)。

A.ABC　　B.XYZ　　C.COM　　D.CN

15.下列说法中，错误的是(　　)。

A.硬盘驱动器和盘片是密封在一起的，不能随意更换盘片

B.硬盘可以是多张盘片组成的盘片组

C.硬盘的技术指标除容量外，另一个是转速

D.硬盘安装在机箱内，属于主机的组成部分

16.下列关于计算机病毒的叙述中，正确的是(　　)。

A.计算机病毒只感染.exe 或.com 文件

B.计算机病毒可通过读写移动存储设备或通过 Internet 网络进行传播

C.计算机病毒是通过电网进行传播的

D.计算机病毒是由于程序中的逻辑错误造成的

17.下列各项中，正确的电子邮箱地址是(　　)。

A.L202@sina. com　　B.TT202#yahoo. com

C. A112. 256. 23.8　　D.K201&yahoo. Com.cn

18.在因特网技术中，缩写 ISP 的中文全名是(　　)。

A.因特网服务提供商　　B.因特网服务产品

C.因特网服务协议　　D.因特网服务程序

19.一个字长为 8 位的无符号二进制整数能表示的十进制数值范围是(　　)。

A.0-256　　B.0-255　　C.1-256　　D.1-255

20.计算机病毒的危害表现为(　　)。

A.能造成计算机芯片的永久性失效

B.使磁盘霉变

C.影响程序运行，破坏计算机系统的数据与程序

D.切断计算机系统电源

参考答案：

1-5：BADAB　6-10：BCBDB　11-15：DDDAD　16-20：BAABC

6.7.4 典型真题四

1.十进制数 59 转换成无符号二进制整数是(　　)。

A.111101　　B.111011　　C.110101　　D.111111

2.五笔字型汉字输入法的编码属于(　　)。

A.音码　　B.形声码　　C.区位码　　D.形码

3.用 16×16 点阵来表示汉字的字型,存储一个汉字的字形需用(　　)个字节。

A.16×1　　B.16×2　　C.16×3　　D.16×4

4.计算机网络中常用的传输介质中传输速率最快的是(　　)。

A.双绞线　　B.光纤　　C.同轴电缆　　D.电话线

5.下列叙述中,正确的是(　　)。

A.用高级语言编写的程序称为源程序

B.计算机能直接识别、执行用汇编语言编写的程序

C.机器语言编写的程序执行效率最低

D.不同型号的 CPU 具有相同的机器语言

6.以下名称是手机中的常用软件,属于系统软件的是(　　)。

A.手机 QQ　　B.android　　C.Skype　　D.微信

7.用高级程序设计语言编写的程序(　　)。

A.计算机能直接执行　　C.执行效率高

B.具有良好的可读性和可移植性　D.依赖于具体机器

8.下列说法正确的是(　　)。

A.一个进程会伴随着其程序执行的结束而消亡

B.一段程序会伴随着其进程结束而消亡

C.任何进程在执行未结束时不允许被强行终止

D.任何进程在执行未结束时都可以被强行终止

9.下列说法正确的是(　　)。

A.与汇编译方式执行程序相比,解释方式执行程序的效率更高

B.与汇编语言相比,高级语言程序的执行效率更高

C.与机器语言相比,汇编语言的可读性更差

D.其他三项都不对

10.调制解调器(Modem)的主要技术指标是数据传输速率,它的度量单位是(　　)。

A.MIPS　　B.Mbps　　C.dpi　　D.KB

11.显示器的主要技术指标之一是(　　)。

A.分辨率　　B.亮度　　C.彩色　　D.对比度

12.下列关于ASCII编码的叙述中,正确的是(　　)

A.一个字符的标准ASCII码占一个字节,其最高二进制位总为1

B.所有大写英文字母的ASCII码值都小于小写英文字母"a"的ASCII码值

C.所有大写英文字母的ASCII码值都大于小写英文字母"a"的ASCII码值

D.标准ASCII码表有256个不同的字符编码

13.计算机系统软件中,最基本、最核心的软件是(　　)。

A.操作系统　　B.数据库管理系统

C.程序语言处理系统　　D.系统维护工具

14.操作系统的作用是(　　)。

A.用户操作规范　　B.管理计算机硬件系统

C.管理计算机软件系统　　D.管理计算机系统的所有资源

15.计算机高级语言的编译程序属于(　　)。

A.系统软件　　B.应用软件

C.操作系统　　D.数据库管理软件

16.下列不属于计算机特点的是(　　)

A.存储程序控制,工作自动化　　B.具有逻辑推理和判断能力

C.处理速度快、存储量大　　D.不可靠、故障率高

17.Interne提供的最常用、便捷的通讯服务是(　　)

A.文件传输(FTP)　　B.远程登录(Telnet)

C.电子邮件(E-mail)　　D.万维网(WWW)

18.目前使用的硬磁盘,在其读/写寻址过程中(　　)。

A.盘片静止,磁头沿圆周方向旋转

B.盘片旋转,磁头静止

C.盘片旋转,磁头沿盘片径向运动

D.盘片与磁头都静止不动

19.当计算机病毒发作时,主要造成的破坏是(　　)。

A.对磁盘片的物理损坏

B.对磁盘驱动器的损坏

C.对 CPU 的损坏

D.对存储在硬盘上的程序、数据甚至系统的破坏

20.通常网络用户使用的电子邮箱建在(　　)。

A.用户的计算机上　　　　B.发件人的计算机上

C.ISP 的邮件服务器上　　　　D.收件人的计算机上

参考答案:

1-5:BDBBA　6-10:BBADB　11-15:ABADA　16-20:DCCDC

第7章　考点自检

7.1 基本操作部分

□ 移动、删除、新建、重命名、解压缩文件

□ 为文件创建快捷方式

为考生文件夹下 CHAIR 文件夹建立名为 RECHA 的快捷方式。

□ 设置文件属性

将考生文件夹下 CHAO 文件夹中的文件 CPA.PAS 设置成隐藏和只读属性。

□ 搜索文件

搜索考生文件夹下的文件“READ.EXE”。

7.2 上网操作部分

7.2.1 IE 浏览器考点

□ 打开网页、浏览网页指定页面

某模拟网站的主页地址是：HTTP://LOCALHOST:65531/ExamWeb/new2017/index.html，打开此主页，浏览“节目介绍”页面。

□ 保存网页内容

(1) 将网页内容以文本文件格式保存至考生文件夹。

(2) 将网页内容以 HTML 格式保存至考生文件夹。

(3) 将网页图片保存至考生文件夹。

(4) 将网页部分内容保存至 Word 文档。

7.2.2 Outlook 考点

□ 接收、回复、发送邮件

□ 将附件保存至考生文件夹

将邮件中的附件“值班表.docx”保存到考生文件夹下。

□ 将收件人地址保存到通讯录

将收件人地址 wanglie@mail.neea.edu.cn 保存至通讯簿,联系人"姓名"栏填写"王列"。

□ 新建联系人分组

新建一个联系人分组,分组名字为"小学同学",将小强加入此分组中。

7.3 Word 文字处理部分

7.3.1 字体考点

□ 常规考点

字体、字号、加粗、字体颜色、上标、下标、底纹。

□ 设置渐变色字体

将标题段文字("生命科学是中国发展的机遇")字体颜色的渐变方式设置为"深色变体/线性向下"。

□ 中英文混排

全文中将中文字体设置为仿宋,西文字体设置为 Arial。

□ 下划线

为标题段文字添加红色(标准色)波浪下划线。

□ 字符间距

设置标题段文字间距紧缩 1.6 磅。

□ 文本效果

(1) 内置本文效果

将标题段文字的文本效果设置为内置效果"渐变填充:紫色,主题色 4;边框:紫色,主题色 4"。

(2) 阴影文本效果

标题段文本阴影效果为"预设/外部,偏移:右下"、颜色"红色(标准色)"。

(3) 映像文本效果

文本效果设为"映像/映像变体:全映像,8 磅偏移量",透明度 80%,模糊 90 磅。

(4) 发光文本效果

文本效果设置为发光"发光:18 磅;红色,主题色 2"。

☐ 文字效果

(1) 设置文本边框

文字效果格式设为渐变线边框：预设渐变为“中等渐变一个性色6”、类型为“线性”、方向为“线性向右”。

(2) 设置空心字

将标题段文字设为“蓝色(标准色)”空心黑体。

7.3.2 段落考点

☐ 常规考点

对齐方式、左右缩进、首行缩进、悬挂缩进、段落间距、行距。

☐ 项目符号

(1) 内置项目符号。

(2) 使用符号定义新的项目符号(▶、☐、☺、➔)。

(3) 使用图片定义新的项目符号。

☐ 项目编号

(1) 使用编号库的编号。

(2) 定义新的编号格式。

☐ 文字底纹考点

为标题段文字添加黄色(标准色)底纹，底纹图案样式为“20%”、颜色为“自动”。

7.3.3 样式考点

☐ 应用样式

将标题段文字(“某大学智慧校园实践”)应用“标题 5”样式。

☐ 修改样式

将“标题 1”样式，并设置为小三号、隶书、段前段后间距均为 6 磅、单倍行距、居中。

☐ 创建样式

将标题段文字(“某大学智慧校园实践”)创建“标题 5”样式。

7.3.4 选择考点

☐ 选择格式相似的文本

7.3.5 替换考点

□ 简单替换

将文中所有错词“按理”替换为“案例”。

□ 批量修改格式

为正文中所有“赵州桥”一词添加下划线。

□ 使用通配符批量删除内容

将文中(一)、(二)、(三)……编号删除。

7.3.6 封面考点

□ 插入 office 自带的封面

插入“边线型”封面,选取日期为“今日”日期。

7.3.7 表格考点

□ 常规考点

调整行高列宽、合并拆分单元格、插入/删除行列、自动调整表格。

□ 文本转换为表格

按照文字分隔位置(逗号)将文中后 9 行文字转换为一个 9 行 5 列的表格。

□ 套用表格样式

套用表格样式为“网格表 4—着色 2”。

□ 单元格边距

设置表格单元格的左边距为 0.1 厘米、右边距为 0.4 厘米。

□ 排序

按主要关键字“糖类(克)”列、依据“数字”类型升序,次要关键字“VC(毫克)”列、依据“数字”类型降序排列表格内容。

□ 插入公式

在合计行其余列单元格中利用公式分别计算相应列的合计值。

□ 重复标题行

设置表格第一、二行为“重复标题行”。

□ 对齐

(1) 表格对齐

设置表格整体居中。

□ 表格内容对齐

设置表格中第1行和第1列、第2列的所有单元格中的内容水平居中,其余各行各列单元格内容中部右对齐

□ 边框底纹

(1) 边框

设置表格外框线和第一、二行间的内框线为红色(标准色)0.75磅双窄线、其余内框线为红色(标准色)0.5磅单实线。

(2) 底纹

设置表格底纹为“白色,背景1,深色5%”。

7.3.8 首字下沉考点

□ 下沉行数、距正文的距离

设置正文第一段首字下沉2行,距正文0.2厘米。

7.3.9 页眉和页脚考点

□ 页眉考点

(1) 添加页眉

为页面添加“镶边”样式页眉。

(2) 文档属性

页眉处内容为文档主题。

(3) 奇偶页不同

添加“空白”样式页眉,并将页眉设置为“奇偶页不同”,奇数页的页眉内容为当前日期(日期格式为“××××年×月×日”),偶数页的页眉内容为页码(页码编号格式为“—1—,—2—,—3—……”起始页码为“—3—”)。

□ 页脚考点

(1) 插入页码

在页面底端插入“X/Y型,加粗显示的数字1”页码。

(2) 设置页码格式

设置页码编号格式为“ⅰ、ⅱ、ⅲ……”。

(3) 设置起始页码

(4) 设置页脚距底端的距离

7.3.10 图片考点

□ 常规考点

插入图片、设置图片环绕方式、设置图片对齐方式。

□ 设置图片缩放

设置图片大小缩放：高度 80%，宽度 80%。

□ 设置图片颜色

设置图片颜色的色调为 4700K。

□ 设置图片艺术效果

设置图片的艺术效果为“纹理化”，缩放为 50。

7.3.11 超链接考点

□ 将内容链接到网址

为表题添加超链接“http://www.baidu.com.cn”。

7.3.12 页面设置考点

□ 常规考点

设置页面上下左右边距、装订线、装订线位置、纸张大小、纸张方向。

□ 页面垂直对齐方式

设置页面垂直对齐方式为“底端对齐”。

□ 页眉页脚距边界

□ 文档网格

(1) 指定每页字符数和每行文字

(2) 调整文字排列方向

□ 分栏

(1) 等宽分栏

将正文第三段分为等宽的两栏、栏间距为 1.5 字符，栏间加分隔线。

(2) 不等宽分栏

将正文第二段至第三段(“智慧数据平台是，…… 人力资源管理系统等。”)分为两栏，第 1 栏栏宽为 12 字符、第 2 栏栏宽为 26 字符、栏间加分隔线。

7.3.13　页面背景考点

□ 文字水印

为页面添加内容为“北京市高考”的文字型水印，水印内容的文本格式为：黑体、蓝色(标准色)。

□ 图片水印

用考生文件夹下的“赵州桥.jpg”图片为页面设置图片水印。

□ 设置页面颜色

将页面颜色的填充效果设置为“纹理/羊皮纸”。

□ 页面边框

设置页面边框为红色1磅方框。

□ 添加艺术型页面边框

为页面添加30磅宽红果样式的艺术型边框。

7.3.14　脚注尾注考点

□ 插入脚注

为文末倒数第4行尾插入脚注，脚注内容为“资料来源：本研究调研整理”。

□ 插入尾注并设置尾注编号格式

为小标题加尾注“王祖强等.发展跨境电子商务促进贸易便利化[J].电子商务，2013(9).”，尾注编号格式为“①②…”。

7.3.15　简繁转换考点

□ 文档中的文字繁转简

7.4 Excel 电子表格部分

7.4.1　基础操作考点

□ 工作表基本操作

移动工作表、复制工作表、重命名工作表。

□ 行高列宽

调整行高列宽、插入行列。

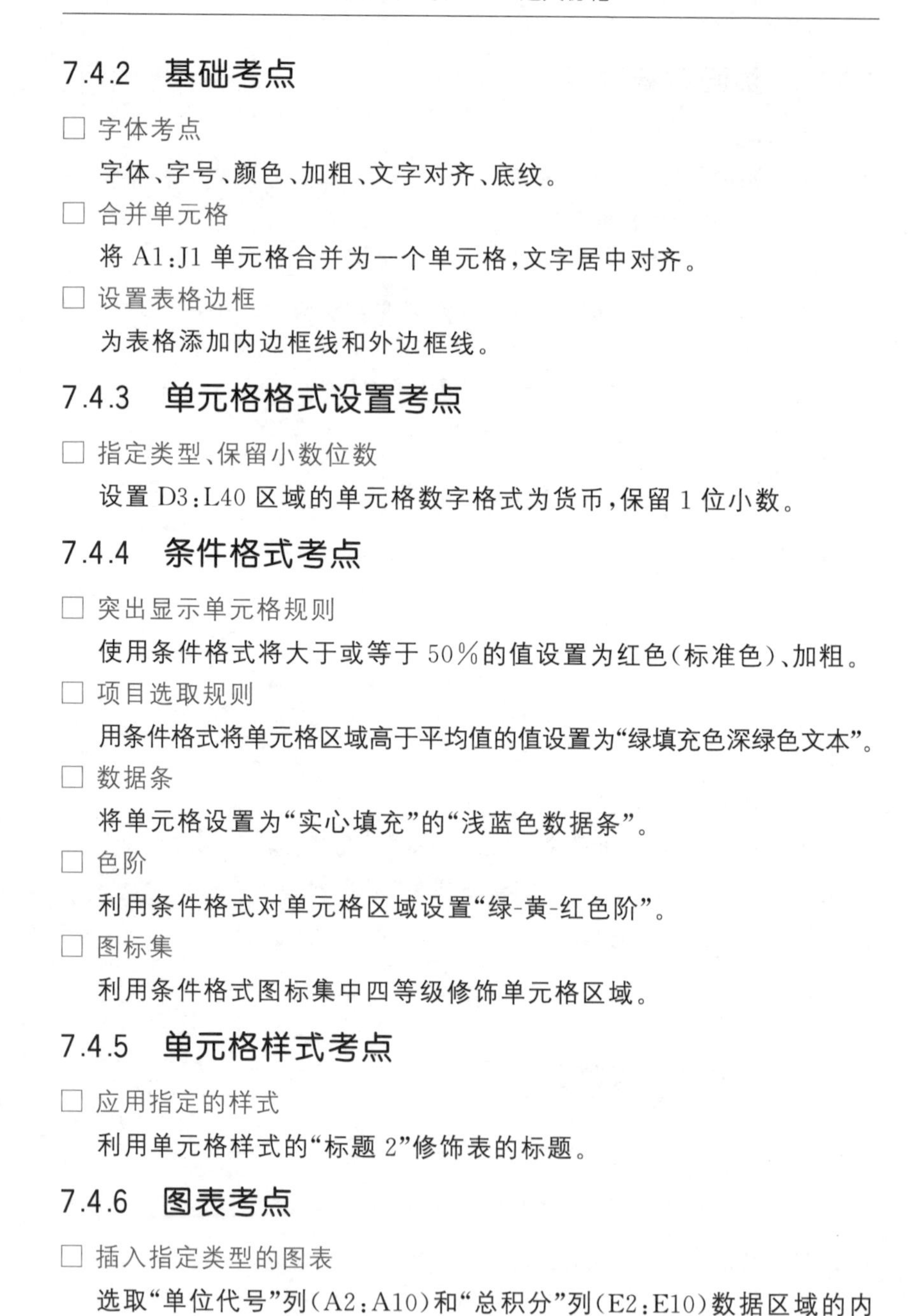

7.4.2 基础考点

□ 字体考点

字体、字号、颜色、加粗、文字对齐、底纹。

□ 合并单元格

将 A1:J1 单元格合并为一个单元格,文字居中对齐。

□ 设置表格边框

为表格添加内边框线和外边框线。

7.4.3 单元格格式设置考点

□ 指定类型、保留小数位数

设置 D3:L40 区域的单元格数字格式为货币,保留 1 位小数。

7.4.4 条件格式考点

□ 突出显示单元格规则

使用条件格式将大于或等于 50%的值设置为红色(标准色)、加粗。

□ 项目选取规则

用条件格式将单元格区域高于平均值的值设置为“绿填充色深绿色文本”。

□ 数据条

将单元格设置为“实心填充”的“浅蓝色数据条”。

□ 色阶

利用条件格式对单元格区域设置“绿-黄-红色阶”。

□ 图标集

利用条件格式图标集中四等级修饰单元格区域。

7.4.5 单元格样式考点

□ 应用指定的样式

利用单元格样式的“标题 2”修饰表的标题。

7.4.6 图表考点

□ 插入指定类型的图表

选取“单位代号”列(A2:A10)和“总积分”列(E2:E10)数据区域的内容建立“簇状条形图”。

□ 设计选项卡

(1) 添加图表元素(图表标题、图例、坐标轴标题、数据标签、网格线)

① 图表快速布局

② 更改图表颜色

③ 更改图表样式

□ 格式选项卡

设置图表数据系列格式销售额为纯色填充“蓝色,个性色 1,深色 50%”。

□ 设置图表绘图区

设置图表绘图区填充效果为“虚线网格”的图案填充。

□ 设置图表背景墙

设置图表背景墙为纯色填充“白色,背景 1,深色 15%”。

□ 调整坐标轴文字方向

设置横坐标轴对齐方式为竖排文本、所有文字旋转 270 度。

□ 更改坐标轴标签的数字类型

将主要纵坐标轴和次要纵坐标轴的数字均设置为小数位数为 0 的格式。

7.4.7 数据透视表考点

□ 常规考点

对工作表“图书销售工作表”内数据清单的内容建立数据透视表,按行为“图书类别”,列为“经销部门”,值为“销售额(元)”求和布局,并置于现工作表的 I5:N11 单元格区域。

7.4.8 排序考点

□ 常规考点

对工作表内数据清单的内容按主要关键字“图书类别”的降序和次要关键字“季度”的升序进行排序。

7.4.9 筛选考点

□ 简单筛选

对工作表数据进行筛选,条件为:A1 销售员销售出去的空调和冰箱。

□ 数值筛选

对工作表内数据内容进行筛选,条件为:所有东部和西部的分公司且销售额高于平均值。

□ 高级筛选

对排序后的数据进行高级筛选(在数据清单前插入四行,条件区域设在 A1:G3 单元格区域,请在对应字段列内输入条件),条件是:产品名称为“电冰箱”或“手机”且销售数量大于或等于 80。

7.4.10 分类汇总考点

□ 常规考点

完成对各供货商销售额合计的分类汇总,汇总结果显示在数据下方,并且只显示到 2 级。

7.4.11 函数公式考点

□ 单元格的引用

绝对引用、相对引用、混合引用。

□ 五大基本函数

sum、max、min、count、average。

□ If 逻辑判断函数

函数嵌套、多个 if 连用。

□ RANK 排名函数

□ COUNTIF 单条件求个数函数

□ COUNTIFS 多条件求个数函数

□ AVERAGEIF 单条件求平均值函数

□ AVERAGEIFS 多条件求平均值函数

□ SUMIF 单条件求和函数

□ VLOOKUP 查询函数

□ TEXT 文本函数

□ YEAR 求年份函数

□ MONTH 求月份函数

□ DAY 求天数函数

□ AND 函数

□ OR 函数

7.5 PPT 演示文稿部分

7.5.1 幻灯片考点

□ 新建幻灯片、复制幻灯片

在演示文稿的开始处插入一张幻灯片，版式为“标题幻灯片”。

□ 移动幻灯片

将第二张幻灯片移动到末尾，成为最后一张幻灯片。

□ 修改幻灯片版式

将第一张幻灯片版式修改为“标题幻灯片”。

7.5.2 字体段落考点

□ 设置字体颜色 RGB 值

将标题文字颜色设置成深蓝色(RGB 颜色模式：红色 0，绿色 32，蓝色 96)。

□ 调整段落级别

将第 3 张幻灯片中的“良好态势”和“不足弊端”这两项内容的列表级别降低一个等级(即增大缩进级别)。

□ 文本转化为 SmartArt

将第 2 张幻灯片文本框中的文字转换成 SmartArt 图形“垂直曲形列表”。

□ 段落行距考点

将文本框中的文字行距设置为“1.5 倍行距”。

7.5.3 艺术字考点

□ 插入指定样式的艺术字

插入样式为“图案填充：蓝色，主题色 1，50%；清晰阴影：蓝色，主题色 1”的艺术字。

□ 调整艺术字的高度和宽度、对齐方式

将艺术字宽度调整为 15 厘米、高为 3.5 厘米。

□ 设置艺术字文本效果

艺术字文本效果为“转换-弯曲-停止”。

□ 艺术字形状效果

艺术字形状效果设置为“预设 1”。

□ 艺术字指定放置位置

在位置(水平:5.2 厘米,从:左上角,垂直:4.5 厘米,从:左上角)插入艺术字。

7.5.4 图片考点

□ 图片指定放置位置

图片位置设置为水平 0.2 厘米、垂直 2 厘米,均为自“左上角”。

□ 设置图片样式

将图片样式设置为“金属椭圆”。

□ 设置图片效果

将图片效果设置为“发光:8 磅;绿色,主题色 6”。

7.5.5 超链接考点

□ 内容链接到指定幻灯片

在文本框中输入幻灯片的标题,并且添加相应幻灯片的超链接。

7.5.6 设计考点

□ 应用系统自带的主题

为整篇演示文稿应用“电路”的主题。

□ 调整幻灯片大小

设置幻灯片的大小为“宽屏(16∶9)”。

□ 设置幻灯片背景(指定的背景、纹理、渐变)

(1) 设置指定样式背景

第一张幻灯片的背景样式设置为“样式 4”。

(2) 设置纹理背景

第三张幻灯片的背景设置为“花束”纹理。

7.5.7 切换考点

□ 设置幻灯片切换方式

设置页脚编号为奇数的幻灯片切换方式为“缩放”,效果选项为“放大”,页脚编号为偶数的幻灯片切换方式为“棋盘”,效果选项为“自顶部”。

□ 设置自动换片时间

设置每张幻灯片的自动换片时间为 5 秒。

7.5.8　动画考点

□ 添加指定动画（进入、强调、退出）

图片动画设置为“强调-陀螺旋”，文本设置动画“退出-飞出”。

□ 设置动画效果

艺术字动画设置为“进入-劈裂”，效果选项为“中央向左右展开”。

□ 调整动画播放顺序

调整动画顺序是先文本后图片。

□ 设置动画计时（开始、持续时间、延迟）

设置图片动画开始为“上一动画之后”、“延迟1秒”。

7.5.9　幻灯片放映考点

□ 设置放映方式

演讲者放映、观众自行浏览、在展台浏览。

7.5.10　幻灯片母版考点

□ 统一设置页脚字体颜色

错题集

错题集

错题集

错题集